Emmanuel Hassan

Exploração de águas subterrâneas utilizando a configuração de matriz da Schlumberger

Emmanuel Hassan

Exploração de águas subterrâneas utilizando a configuração de matriz da Schlumberger

ScienciaScripts

Cover image: www.ingimage.com

This book is a translation from the original published under ISBN 978-3-659-44627-6.

Publisher:
Sciencia Scripts
is a trademark of
Dodo Books Indian Ocean Ltd. and OmniScriptum S.R.L publishing group

120 High Road, East Finchley, London, N2 9ED, United Kingdom
Str. Armeneasca 28/1, office 1, Chisinau MD-2012, Republic of Moldova, Europe
Printed at: see last page
ISBN: 978-620-7-76641-3

DEDICAÇÃO

Este trabalho de investigação é dedicado a Deus Todo-Poderoso, ao meu querido pai, o falecido Joshua Hassan Bamaiyi, e à minha adorável mãe, a Sra. Esther Joshua Hassan Bamaiyi, pelo seu apoio e encorajamento.

RECONHECIMENTO

Com muita gratidão a Deus Todo-Poderoso por me ter dado a oportunidade de concluir com êxito o meu trabalho de investigação.

Gostaria de agradecer à Lambert Academic Publishing (LAP) por me ter dado a oportunidade de publicar o meu trabalho de investigação sob a forma de livro e ao meu Maravilhoso Supervisor, Dr. J.K Rai, que trabalhou comigo durante esta investigação.

Devo agradecer muito ao meu amigo Uchenna Anekwe Okwudili pelo seu incentivo e apoio e a todos os que me ajudaram direta ou indiretamente para o êxito deste livro.

Que Deus vos abençoe a todos (Amen).

LISTA DE ABREVIATURAS

VES- vertical Electrical Sounding

MH- Magnesium Hazard

SAR- Sodium Absorber ratio

WHO- World Health Organization

D.C- Direct Current

TDEM- Time Domain Electromagnetic Method

VLF- Very low frequency

FDEM- Frequency Domain Electromagnetic Method

TFEM- Time frequency Electromagnetic Method

GPS- Geographical position System

EM- Electromagnetic

Na^{+}- Sodium ion

Ca^{2+}- Calcium ion

Mg^{2+} -Magnesium ion

K^{+} - potassium ion

Mn^{2+}- Manganese ion

Fe^{2+} -iron ion

RESUMO

A matriz Schlumberger é a mais utilizada entre outras matrizes para a sondagem eléctrica vertical (VES) e requer um grande espaçamento em ambas as extremidades para obter informações mais profundas sobre a subsuperfície. O problema do espaço limitado para espalhar em áreas construídas pode levar a informações incompletas a partir de profundidades mais profundas. O levantamento geoeléctrico que envolveu métodos de resistividade eléctrica

foi realizado nas áreas governamentais locais de Birnin Kebbi e Fakai, no norte da Nigéria, com o objetivo de delinear as características geoeléctricas do complexo basal e da formação sedimentar para avaliar o potencial de água subterrânea nas áreas. Um total de duas (2) estações de Sondagem Eléctrica Vertical (VES) foram estabelecidas no local ao longo de dois (2) percursos.
A configuração Schlumberger foi utilizada para a aquisição de dados. O elétrodo de meia corrente (AB/2) utilizado varia de 1 a 100 metros. A interpretação quantitativa das curvas VES envolveu a utilização de curvas parciais e da técnica de iteração computacional 1-D. Os resultados da interpretação das sondagens de profundidade foram utilizados para gerar secções geoeléctricas a partir das quais o aquífero foi delineado. As secções geoeléctricas desenhadas a partir dos resultados da interpretação revelaram cinco (5) camadas subsuperficiais para Birnin Kebbi e quatro (4) camadas para a Área do Governo Local de Fakai, que incluem solo superficial, xisto, areia laterítica, subsolo parcialmente intemperizado, intemperizado e fracturado. As camadas meteorológicas e fracturadas constituíram a zona aquífera em todas as estações. Assim, a partir do trabalho de investigação, recomenda-se que os furos de sondagem possam ser colocados na zona de alta condutividade em VES 1 e VES 2, uma vez que contêm aquíferos prováveis. A profundidade de qualquer furo de sondagem deve situar-se entre 15m e 30m para aproveitar as fracturas do subsolo.

ÍNDICE DE CONTEÚDOS:

CAPÍTULO 1

1.0 INTRODUÇÃO

Na maioria dos países, existe não só uma forte dependência das águas subterrâneas como fonte primária de abastecimento de água potável, mas também como fonte de água para a agricultura e para a indústria. A dependência das águas subterrâneas é tal que é necessário garantir que existem quantidades significativas de água e que esta é de elevada qualidade. A utilização da geofísica tanto para a cartografia dos recursos hídricos subterrâneos como para a avaliação da qualidade da água aumentou drasticamente nos últimos 10 anos, em grande parte devido aos rápidos avanços dos microprocessadores e das soluções de modelação numérica associadas. No entanto, apesar do seu sucesso espetacular, na maioria dos estudos de águas subterrâneas, a utilização da geofísica ainda não é frequentemente considerada. Porquê? Em parte, deve-se à fraca publicidade da potencial utilização da geofísica e à fraca divulgação de algumas das questões técnicas mais complexas. Deve-se também, em parte, a dificuldades de implementação prática e a limitações de custos.

A utilização da geofísica para estudos de contaminação de águas subterrâneas é mencionada, mas esta aplicação não é objeto de uma análise exaustiva. Os trabalhos citados não representam, de forma alguma, uma lista exaustiva de contribuições, mas pretendem indicar a variedade de métodos geofísicos utilizados na exploração de águas subterrâneas e o leque de situações em que a geofísica tem sido utilizada.

A principal utilização da geofísica nas geociências é a exploração de hidrocarbonetos, normalmente a profundidades superiores a 1000 m. Nos últimos trinta anos, foram feitos avanços tecnológicos significativos nesta indústria, especialmente com técnicas de reflexão sísmica. Em contraste, a geofísica próxima da superfície para investigação de águas subterrâneas é normalmente restrita a profundidades inferiores a 250 m abaixo da superfície e os desenvolvimentos não se concentraram numa técnica geofísica específica. As aplicações da geofísica próxima da superfície para as águas subterrâneas incluem o mapeamento da profundidade e espessura dos aquíferos, o mapeamento de aquitardes ou unidades de confinamento, a localização de caminhos preferenciais de migração de fluidos, tais como fracturas e zonas de falha, e o mapeamento da contaminação das águas subterrâneas, tal como a contaminação por intrusão salina.

Os antecedentes teóricos e práticos da geofísica foram amplamente revistos e podem ser estudados em textos padrão sobre o assunto, por exemplo: Telford et al. (1976), Parasnis (1996), Dobrin, (1976), Grant e West (1965). As linhas gerais básicas dos métodos geofísicos também são dadas em textos de hidrogeologia padrão, como o de Fetter (1980). As investigações de águas subterrâneas e próximas da superfície, em particular, foram especificamente abordadas em pormenor num texto recente de Milsom (1996). Outros exemplos sobre geofísica próxima da superfície podem ser encontrados na série especial de artigos "Geotechnical and Environmental Geophysics" publicada pela Society of Exploration Geophysicists e editada por Ward (1990). Várias revistas publicam artigos sobre geofísica de águas subterrâneas, incluindo Geophysics, Geophysical Prospecting, Applied Geophysics, Journal of Environmental and Engineering Geophysics, Ground Water. Publicações importantes sobre estudos geofísicos de águas subterrâneas em países em desenvolvimento que procuraram produzir regras simples para a aplicação da geofísica incluem "The Hydrogeology of Crystalline Basement Aquifers in Africa"

(Wright and Burgess 1992) e um guia geral de técnicas para encontrar águas subterrâneas foi produzido pelo Banco Mundial (Van Dongen and Woodhouse, 1994). Os manuais práticos de geofísica estão também a ser cada vez mais disponibilizados na Internet através de colaborações entre universidades e sociedades (Colorado School of Mines) e também através de fabricantes e fornecedores de equipamento. A comunidade geofísica próxima da superfície é agora também servida por sociedades especializadas e secções de sociedades dedicadas à geofísica próxima da superfície. Dentro destas existem subgrupos com interesses em hidrogeologia e no estudo das águas subterrâneas. Estes grupos incluem a Environmental and Engineering Geophysical Society nos EUA, com um capítulo europeu, a American Association of Petroleum Geologists Environmental Division e a AGU.

Por último, podem também ser encontradas informações úteis sobre as águas subterrâneas através das publicações e dos pormenores em linha dos trabalhos do United States Geological Survey.

Muitas técnicas geofísicas têm sido aplicadas na investigação das águas subterrâneas, algumas com mais sucesso do que outras. No passado, a geofísica foi utilizada como uma ferramenta para o mapeamento dos recursos de águas subterrâneas ou como uma ferramenta para a discriminação do carácter das águas subterrâneas. Para o mapeamento dos recursos hídricos subterrâneos, não é a água subterrânea em si que é o alvo da geofísica, mas sim a situação geológica em que a água existe. Os métodos de campo potencial, gravítico e magnético, têm sido utilizados para cartografar aquíferos regionais e características de bacias hidrográficas de grande escala. Os métodos sísmicos têm sido utilizados para delinear aquíferos de leito rochoso e sistemas de rochas fracturadas. Os métodos eléctricos e electromagnéticos provaram ser particularmente aplicáveis aos estudos de águas subterrâneas, uma vez que muitas das propriedades da formação geológica que são críticas para a hidrogeologia, tais como a porosidade e a permeabilidade das rochas, podem ser correlacionadas com assinaturas de condutividade eléctrica. Foram produzidos métodos gerais de prática para as técnicas geofísicas na exploração das águas subterrâneas, mas, como MacDonald et al. (2001) salientam, as situações com geologia e hidrogeologia complexas não se prestam a uma abordagem genérica e requerem métodos específicos para problemas particulares. A maioria das técnicas geofísicas tem sido utilizada para a caraterização das águas subterrâneas, mas, mais uma vez, é com os métodos eléctricos e electromagnéticos que se tem verificado o maior sucesso na cartografia e monitorização indireta de águas subterrâneas contaminadas e limpas.

A utilização da geofísica para estudos de águas subterrâneas foi estimulada, em parte, pelo desejo de reduzir o risco de perfuração de furos secos e também pelo desejo de compensar os custos associados à fraca produção de águas subterrâneas. Atualmente, o geofísico também fornece parâmetros úteis para a modelação hidrogeológica de novas fontes de água subterrânea e para a avaliação da contaminação de águas subterrâneas existentes.

Antes de se fazer uma revisão dos métodos geofísicos individuais, é feita uma breve discussão sobre a conceção de levantamentos geofísicos para aplicação em águas subterrâneas. Para mais informações sobre a conceção de levantamentos ver Dobecki & Romig (1985).

1.1 CONCEPÇÃO DE UM INQUÉRITO BEM SUCEDIDO

A realização de um levantamento geofísico bem-sucedido depende de três características: implementação do levantamento geofísico no início das fases de planeamento do projeto, conceção do levantamento geofísico correto e escolha do contratante geofísico adequado.

1.2 PLANEAMENTO DO INQUÉRITO

Idealmente, a utilização da geofísica deve ser discutida no início das fases de planeamento de uma pesquisa, a fim de obter o máximo benefício da geofísica. Infelizmente, nem sempre é esse o caso e a geofísica só é utilizada quando todas as outras técnicas de investigação falharam. Isto levou a uma má publicidade injustificada para a geofísica; se tudo o resto falhou, então é improvável que a geofísica seja bem sucedida, geralmente porque os objectivos originais da pesquisa não foram claramente definidos no início do projeto. Utilizar a geofísica para resolver um problema desta forma é muitas vezes esperar demasiado da geofísica e resultará em fracasso.

A geofísica é apenas uma ferramenta que pode ser aplicada a uma investigação de águas subterrâneas e o seu sucesso deve depender da interpretação cuidadosa e da integração dos resultados com os outros dados geológicos e hidrogeológicos do local. Só então a geofísica será um sucesso.

A geofísica é normalmente utilizada de duas formas. Ou é utilizada para projetar uma interpretação da geologia e hidrogeologia a partir de furos de sondagem e exposição à superfície numa formação ou a geofísica é utilizada numa área de geologia e hidrogeologia desconhecidas, a fim de melhor orientar o programa de amostragem direta.

Para ambos os tipos de utilização, se a geofísica for discutida no início do processo, então as técnicas mais adequadas podem ser encontradas e utilizadas da forma mais económica. Um paralelo para o desenvolvimento de águas subterrâneas pode ser encontrado no mundo dos hidrocarbonetos, onde a utilização bem sucedida de um programa geofísico integrado é vista em todas as fases de desenvolvimento de um reservatório de hidrocarbonetos. Em primeiro lugar, é efectuado um estudo geofísico de reconhecimento regional com métodos de campo potenciais (gravidade e magnético).

Seguem-se programas sísmicos regionais e poços de exploração. Com base nestes resultados, são efectuados levantamentos geofísicos 3D locais mais detalhados e a geofísica de superfície é ligada à geologia de subsuperfície através de geofísica de furos. Por fim, é efectuada geofísica de furos de alta frequência para efeitos de modelação de reservatórios. Esta utilização integrada da geofísica é recomendada no desenvolvimento de um recurso de água subterrânea, no entanto, devido a limitações de custos, nem sempre é possível. É, por isso, vital que a geofísica seja utilizada da forma mais apropriada e no momento mais apropriado de um projeto, para que este seja bem sucedido no desenvolvimento de um recurso de água subterrânea.

1.3 CONCEPÇÃO DO ESTUDO GEOFÍSICO

A definição de um conjunto claro de objectivos e a escolha de métodos adequados são fundamentais para a conceção de um levantamento geofísico bem sucedido. Os objectivos devem ser baseados em critérios razoáveis e geofísicos exequíveis. Para isso, é importante que o alvo geofísico tenha propriedades físicas que possam ser distinguidas das assinaturas de fundo (características geológicas e hidrogeológicas) e do ruído de fundo (ruído cultural ambiente juntamente com o ruído induzido pelo sistema). A fase seguinte na definição de um projeto consiste em poder fornecer uma descrição adequada do local, juntamente com quaisquer dados anteriores que tenham sido recolhidos, mapas do local ou outros dados que digam respeito ao projeto. Isto inclui características logísticas como o acesso ao local, fontes de ruído e restrições de trabalho. O cliente deve especificar, logo no início do projeto, para que serão utilizados os resultados finais e em que formato devem ser fornecidos. Isto assegurará que os resultados geofísicos são totalmente integrados no projeto como um todo. Se os resultados não forem apresentados de uma forma que o cliente possa compreender e utilizar plenamente, então são resultados inúteis!

A escolha dos métodos geofísicos apropriados e a aplicação dos métodos de forma adequada também é fundamental para um levantamento bem-sucedido. Só depois de os objectivos terem sido claramente definidos e acordados pelo cliente e pelo empreiteiro é que podem ser escolhidos os métodos geofísicos adequados. A escolha incorrecta da técnica e o pessoal insuficientemente experiente que conduz a investigação têm sido citados como razões principais para o fracasso de muitos levantamentos geofísicos (Darracott e McCann, 1986; MacDonald et al., 2001). Ao escolher os métodos, o contratante deve primeiro realizar modelos prospectivos com base nos objectivos e nas condições conhecidas do local para determinar o sucesso provável de cada método.

O controlo de qualidade ao longo de todas as fases do trabalho é fundamental para um resultado bem sucedido. O controlo de qualidade no terreno deve incluir procedimentos básicos de calibração do equipamento, relatórios precisos no terreno, incluindo impressões no terreno de dados digitais, verificações do registo de dados digitais e do seu carregamento em computadores, e medições repetidas em locais de base ou de calibração. Durante o processamento, este controlo de qualidade incluirá cálculos manuais de dados processados por computador, documentação das etapas de processamento e revisões separadas dos dados por uma pessoa independente não diretamente envolvida no projeto. Finalmente, a propriedade dos dados deve ser discutida antes do início do trabalho, se os dados se destinarem a publicação.

1.4 VES POTENCIAL

Foi realizado um estudo de investigação na bacia sedimentar do sudeste da Nigéria, na cintura da floresta tropical da Nigéria, para determinar a profundidade do lençol freático, a espessura do aquífero e a geologia do subsolo para a distribuição das águas subterrâneas, bem como o seu potencial como substituto dos recursos hídricos de superfície. Foi realizado um total de 38 VES perto de poços já perfurados na área de estudo com um espaçamento máximo entre eléctrodos (AB/2) de 500 m, adoptando a técnica de configuração de eléctrodos da Schlumberger. O instrumento utilizado foi o ABEM SAS 300 B, que fornece uma leitura direta da resistência.

Recolheu os registos litológicos de furos de sondagem já existentes, avaliou e efectuou a comparação com os dados VES.

Foram identificados cinco tipos de curvas de sondagem na área de estudo com base na sucessão geo-eléctrica e geológica.

Com base nos resultados, subdividiu a área em três células de unidades lito-estratigráficas distintas: Zona arenosa (Célula I), sequência arenosa-cascalheira (Célula II) e unidade argilo-arenosa (Célula III) e apresentou um mapa de espessura de sobrecarga. A partir dos resultados, revelou que a área de estudo estava coberta por areias costeiras (formação Benin). O nível freático variava entre 10 e 64 m e a espessura do aquífero entre 20 e 80 m. Concluiu que a área de estudo era uma excelente fonte de abastecimento de água subterrânea.

1.5 CICLO HIDROLÓGICO E ÁGUAS SUBTERRÂNEAS

A água subterrânea é definida como a água subsuperficial que ocorre abaixo do nível freático e flui através de vazios nos solos e formações geológicas permeáveis que estão totalmente saturadas. Não existe isoladamente, mas faz parte de um elo integral do ciclo hidrológico, como mostra a figura 2.1, e é um valioso suporte do ecossistema.

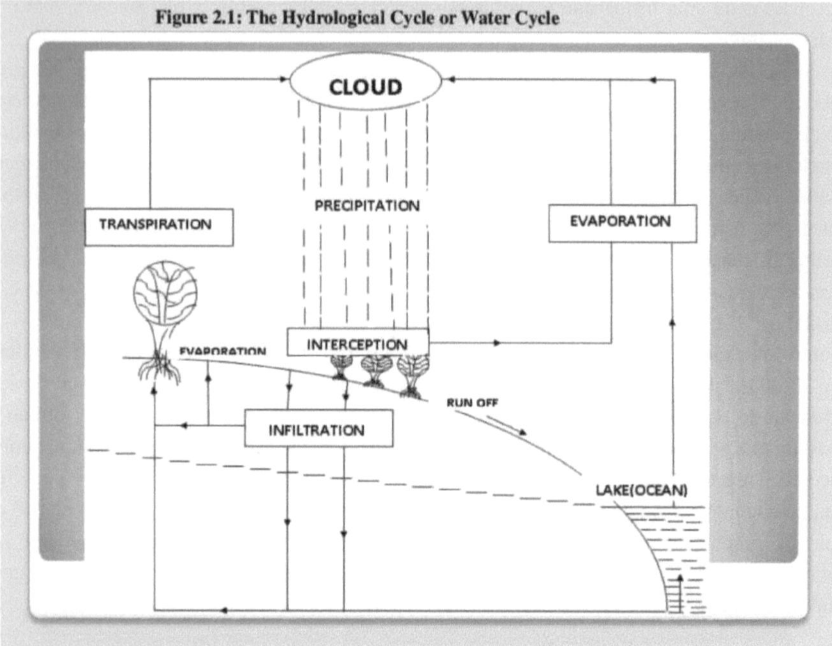

Figura 1.1: O Ciclo Hidrológico ou Ciclo da Água: Fonte (Wikipédia)

O ciclo hidrológico é impulsionado pela energia do sol e retira água da água armazenada nos oceanos e transfere-a através da atmosfera de volta aos oceanos por diferentes vias. Uma parte da chuva que cai na superfície terrestre infiltra-se no solo e a restante evapora-se na atmosfera ou escorre para os rios. A humidade do solo pode ser absorvida pelas plantas e transpirada ou fluir rapidamente como interfluxo para um canal fluvial. Parte da água infiltrada desce em profundidade, acabando por se acumular acima de um leito impermeável, saturando os poros disponíveis e formando um reservatório subterrâneo conhecido como água subterrânea. A formação subterrânea que contém água e que é capaz de produzir uma quantidade considerável de água é designada por aquífero.

1.6 HIDROGEOLOGIA DA NIGÉRIA

A condição hidrogeológica de uma área é altamente influenciada pelas características e estrutura da geologia básica e do clima. Na Nigéria, as regiões hidrogeológicas e as suas características são muito semelhantes às condições geológicas locais, porque as zonas climáticas do país são, na sua maioria, conformes às regiões geológicas. Atualmente, têm sido realizados muitos estudos hidrogeológicos no país, numa tentativa de aumentar o abastecimento de água, particularmente à comunidade rural. A Nigéria divide-se em duas subdivisões distritais, nomeadamente, o complexo basal e as zonas sedimentares.

O complexo de subsolo atual corresponde a cerca de metade da superfície total do país, sendo constituído por um bloco central do Norte, um bloco Ocidental e um bloco Oriental. As rochas são constituídas por sedimentos metálicos pré-cambrianos, guessos, granitos e várias intrusões ígneas.

A área sedimentar da Nigéria compreende um bloco central e oriental do sul que se estende desde o Atlântico até ao rio Benue, um bloco intermédio nas bacias do rio Níger e do rio Benue e blocos do norte - um no nordeste e os outros no noroeste. As rochas são formações estratificadas de tempos cretácicos tardios a recentes, constituídas por arenitos, arenitos, lamas, siltitos, etc.

Figura 1.2: Mapa Geológico da área estudada: Fonte (Google maps)

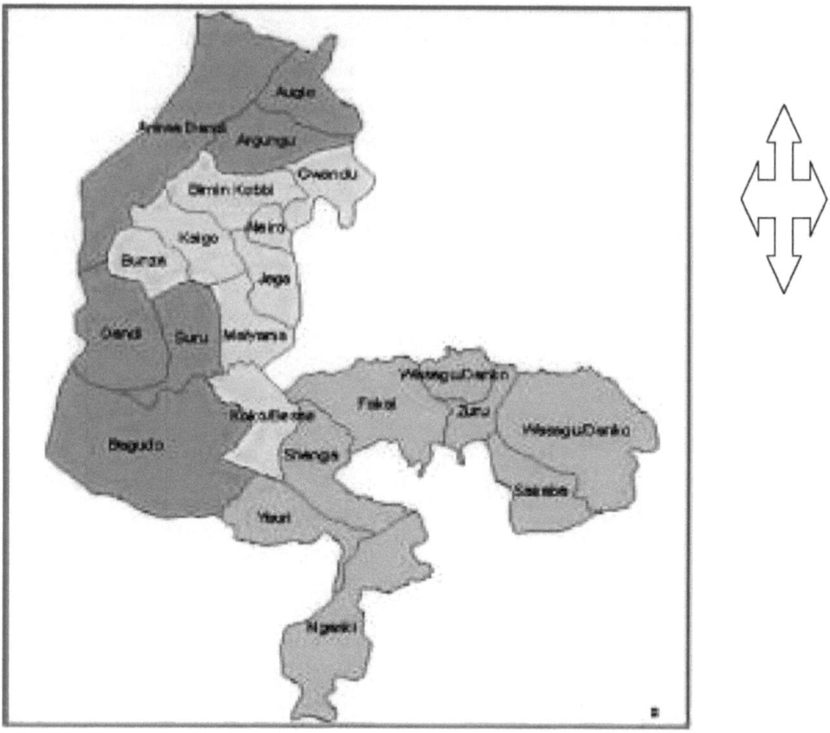

Figura: 1.3Mapa da área de estudo: Fonte (Google maps)

1.7 LOCALIZAÇÃO E ENQUADRAMENTO GEOLÓGICO DA ZONA DE ESTUDO

A geologia do Estado de Kebbi é dominada por duas formações: o complexo basal pré-câmbrico no sul e sudeste e rochas sedimentares jovens no norte. A região do complexo basal é composta por rochas vulcânicas e metamórficas muito antigas, como granitos, xistos, gnaisses, quartzitos e migmatitos

A região sedimentar é constituída pelos grupos Gwandu, Illo e rima, cuja idade varia entre o Cretáceo e o Eoceno. O grupo Gwandu é constituído por grãos de argila maciça intercalados com arenitos, enquanto os grupos Illo e rima são constituídos por grãos de seixos, arenitos e argilas, lamas e siltitos, respetivamente.

1.8 TIPO DE SOLO DA ZONA DE ESTUDO

Na parte norte do Estado, podem ser identificados dois grupos de solos: os solos de planalto e os solos de fadama. Estes dois grupos de solos são geralmente característicos de toda a bacia do rio Sokoto. Enquanto os solos de planalto são arenosos e bem drenados, os solos de fadama são geralmente argilosos e hidromórficos, especialmente nos pântanos de trás.

Nas regiões sul e sudeste, a meteorização das rochas do complexo do subsolo deu origem a três tipos de solos. São eles os solos tropicais ferruginosos, os solos negros de algodão e os solos litólicos. Estes solos estão sujeitos a erosão devido às características topográficas típicas da zona.

1.9 CARACTERÍSTICA DO AQUÍFERO

Os aquíferos têm geralmente algumas características ou parâmetros que descrevem a quantidade de água subterrânea que podem produzir e a taxa de fluxo de contaminantes. Estas características incluem a geometria do aquífero, a condutividade hidráulica, a transmissividade, a capacidade de armazenamento e a capacidade específica. Ou seja, cada um destes parâmetros influencia, de uma forma ou de outra, a quantidade de água que um aquífero produz e o comportamento do fluxo de contaminantes. A transmissividade e a condutividade hidráulica descrevem a capacidade geral de um aquífero transmitir água, ou seja, ao longo de uma espessura unitária para a condutividade hidráulica, e estão entre os dados hidrogeológicos mais importantes necessários para a gestão dos recursos hídricos subterrâneos. Os dados representativos da transmissividade e da condutividade hidráulica são necessários para garantir que os pressupostos hidrológicos e as interpretações utilizadas nos planos regionais de água são válidos (Mace et al, 1997). A estacionalidade descreve a variação do volume de água para uma variação unitária do nível de água por unidade de área, enquanto a capacidade específica é a taxa de bombagem por unidade de rebaixamento. Os dados relativos à transmissividade, condutividade hidráulica, armazenamento e capacidade específica são necessários em tarefas como Avaliação quantitativa das águas subterrâneas Modelação numérica do fluxo de águas subterrâneas, Previsão do desempenho do poço, Avaliação da comparação dos resultados de testes específicos do local com a variabilidade do aquífero regional e Avaliação do transporte de solutos e contaminantes. É importante, portanto, ter uma base de dados de transmissividade, condutividade hidráulica, armazenamento e capacidade específica que esteja prontamente disponível para o desenvolvimento de planos de água locais e regionais e para prever a disponibilidade futura de água subterrânea.

Foi realizada uma investigação geoeléctrica envolvendo 26 sondagens VES em Jos, Estado de Plateau, e no centro-norte da Nigéria. Foi adoptada a configuração de eléctrodos Schlumberger e foi atingida uma separação eléctrica máxima de corrente de 300 m com um terrametro ABEM SAS300B. Interpretou os dados VES utilizando o programa iterativo de Zohdy para a interpretação automática das curvas de sondagem de Wenner e Schlumberger. Os dados interpretados mostraram três a cinco camadas geoeléctricas subjacentes à área de estudo. As curvas VES eram dominadas pelo tipo HA.

O seu estudo tinha como objetivo determinar a estrutura do leito rochoso subjacente, bem como calcular a transmissividade para o aquífero na área. O mapa da geometria do subsolo produzido a partir dos resultados do levantamento indicou que a rocha é ondulada a profundidades entre 30 e 65 m. Observou que havia evidências de falhas e fracturas na área. Os cálculos dos valores de transmissividade do aquífero foram feitos utilizando o valor médio da condutividade hidráulica da área e a espessura das camadas geoeléctricas interpretadas a partir dos dados do VES. Com base nos resultados obtidos, concluiu que era possível demarcar regiões com bom potencial de água subterrânea na área.

A Geophysics realizou sondagens geoeléctricas em torno da bacia hidrográfica do rio Kwaibo em Ikwuano e Umuahia, no sudeste da Nigéria. Os dados do Schlumberger VES, com um espaçamento máximo entre eléctrodos de corrente de 500 m (AB/2), foram analisados utilizando o software resist. Também calcularam a distribuição da 'Condutância Longitudinal e da Resistência Transversal a partir dos parâmetros da camada interpretada. Assumindo que o aquífero arenoso era homogéneo e utilizando as litologias existentes e os dados dos testes de bombagem, determinaram também a distribuição da condutividade hidráulica e da transmissividade na área de estudo. A interpretação do VES mostrou que a espessura do aquífero variava entre 68 e 325 m. A partir dos resultados, observaram que os valores da condutividade hidráulica e da transmissividade na maior parte da bacia hidrográfica eram elevados, com uma transmissividade média de 1722 m2/dia. Com base na análise dos dados, identificaram as zonas aquíferas potenciais para o desenvolvimento regional de águas subterrâneas.

1.9.1 IMPORTÂNCIA DAS ÁGUAS SUBTERRÂNEAS

A água subterrânea tem sido explorada pelo homem desde o início dos tempos e estima-se que cerca de 700 biliões de m3 são extraídos dos aquíferos da terra todos os anos. Este facto faz com que a água subterrânea seja, em peso, o principal mineral extraído da terra (Jean-Claude, 1995). A água subterrânea tem muitas vantagens sobre as águas superficiais: Quantitativamente, a capacidade de armazenamento e de inércia dos aquíferos homogéneos, o seu regime muito estável, permite-lhes atuar como amortecedores entre as chuvas muito irregulares e as descargas regulares através das nascentes - compensando assim as variações climáticas e garantindo mais ou menos o abastecimento de água durante os períodos de seca. Qualitativamente, devido à presença de formações geológicas superficiais protectoras, à sua profundidade, à capacidade de filtragem da maior parte dos seus reservatórios e à obstrução das margens dos rios, as águas subterrâneas dos aquíferos estão geralmente mais bem protegidas do que as águas superficiais da poluição maciça. A qualidade físico-química e a temperatura das águas subterrâneas são relativamente constantes e, nalguns casos, podem ser consumidas mesmo sem tratamento bacteriológico.

Do ponto de vista económico, nos países com muitos aquíferos, a água é facilmente acessível, não requer longas condutas e, por conseguinte, implica custos mais baixos de bombagem, tratamento e energia.

1.9.2 SISTEMA DE FLUXO DE ÁGUAS SUBTERRÂNEAS

A natureza descontínua da zona permeável (rede meteorológica e fissurada) torna o movimento regional das águas subterrâneas praticamente inexistente, predominando assim o fluxo local de águas subterrâneas. No entanto, a distribuição do fluxo de água subterrânea coincide geralmente com a distribuição do fluxo de água superficial. Isto é, o movimento é geralmente das terras mais altas (planaltos) em direção aos vales e aos canais dos cursos de água. O lençol freático, água que se infiltra no solo, move-se para baixo sob a força da gravidade até atingir uma camada impermeável de rocha através da qual não pode passar. Se não houver uma saída pronta para a água subterrânea sob a forma de uma nascente, a água acumula-se acima da camada impermeável e satura a rocha. A rocha permeável na qual a água é armazenada é conhecida como aquífero. A superfície da área saturada é designada por lençol freático. A profundidade do nível freático varia muito em função do relevo e do tipo de rochas. O nível freático está muito abaixo da superfície dos topos das colinas, mas está próximo da superfície nos vales e nas zonas planas e baixas, onde pode causar alagamentos e condições pantanosas. A profundidade do lençol freático também varia muito com as estações do ano, quando há muita chuva disponível para aumentar o abastecimento de água subterrânea, o lençol freático pode subir, mas em períodos secos, não há novos suprimentos disponíveis, e o lençol freático desce à medida que a água subterrânea é perdida através de infiltrações e nascentes.

1.9.3 QUALIDADE DAS ÁGUAS SUBTERRÂNEAS

A qualidade das águas subterrâneas pode ser definida como o estado físico, químico e biológico das águas subterrâneas. A temperatura, a turvação, a cor e o sabor constituem a lista de parâmetros físicos. Naturalmente, a água subterrânea contém iões que se dissolvem lentamente dos minerais dos solos, rochas e sedimentos à medida que a água percorre o seu caminho de fluxo.

Uma pequena porção do total de sólidos dissolvidos pode ter origem na água da precipitação ou na água do rio que recarrega o aquífero. Os iões mais frequentemente encontrados na análise da qualidade da água subterrânea incluem: Na+, Ca2+, Mg2+, Hco3, Cl- , So-24. Os iões menores incluem No3- No2- F-, Co3- K+ Mn2+, e Fe2+. A concentração destes iões confere às águas subterrâneas as suas características hidroquímicas e reflecte frequentemente a origem geológica e o regime de fluxo das águas subterrâneas.

1.9.4 FACTORES QUE AFECTAM A QUALIDADE DAS ÁGUAS SUBTERRÂNEAS

A compreensão dos factores que afectam a qualidade da água subterrânea pode ajudar na tomada de decisões sobre a profundidade do poço e a melhor qualidade da água para uma determinada aplicação. Os principais factores que afectam direta ou indiretamente a qualidade da água subterrânea incluem

- Variações climáticas (precipitação, evaporação, etc.).
- Permeabilidade e composição química dos sedimentos através dos quais a água subterrânea se move.
- Profundidade das águas subterrâneas em relação à superfície.

1.9.5 QUALIDADE DA ÁGUA DE IRRIGAÇÃO

Para além de afetar o rendimento das culturas e as condições físicas do solo, a qualidade da água de rega pode afetar as necessidades de fertilidade, o desempenho do sistema de rega e a forma como a água pode ser aplicada. Por conseguinte, o conhecimento da qualidade da água de rega é fundamental para compreender quais as alterações de gestão necessárias para uma produtividade a longo prazo.

Avaliação da qualidade da água de irrigação

Na avaliação da qualidade da água de rega, a ênfase é colocada nas características químicas e físicas da água e só raramente outros factores são considerados importantes. A qualidade da água de rega é avaliada com base nos seguintes critérios: Salinidade (quantidade total de sais dissolvidos na água).

- Risco de sódio (a quantidade de sódio na água) em comparação com o cálcio e o magnésio).
- Risco de magnésio (MH): Estes critérios em relação à qualidade da água de irrigação e os seus limites aceitáveis são discutidos abaixo.
- Perigo de salinidade

O risco de salinidade é uma medida do TDS expressa na unidade de condutância eléctrica e é a salinidade (condutividade eléctrica) mais influente na água de irrigação que afecta o rendimento das culturas através da incapacidade da planta para completar com iões na solução do solo para a água (efeito osmótico ou seca fisiológica). Quanto mais elevada for a condutividade eléctrica (ECw), menos água estará disponível para as plantas, mesmo que o solo pareça húmido.

Class of water	**Electrical conductivity (ds/m)**
Class 1: Excellent	= 0.25
Class 2: Good	0.25-0.75
Class 3: Permissible	0.76-2.00
Class 4: Doubtful	2.01-3.00

Tabela 1.1 Critérios para a utilização da água de rega com base na condutividade eléctrica.

Perigo de sódio

O perigo do sódio é definido separadamente devido aos efeitos prejudiciais específicos do sódio nas propriedades físicas do solo.

O teor excessivo de Na^{+} na água de irrigação torna-a inadequada para solos que contenham iões Ca^{2+} e Mg^{2+} permutáveis, uma vez que o solo absorve Na^{+} em troca de Ca^{2+} e Mg^{2+}, causando dispersão e comprometimento da inclinação e permeabilidade dos solos. O perigo do sódio é normalmente expresso como a razão de absorção de sódio (SAR), que é definida como;

$SAR = Na[0,5(Ca + mg)]^{-0.5}$, em que os constituintes químicos são expressos em meg/1.

O índice quantifica a proporção de iões de sódio (Na^{2+}) em relação aos iões de cálcio (Ca^{2+}) e magnésio (mg^{2+}) numa água simples. As classificações gerais da água de irrigação com base nos valores SAR são apresentadas na tabela acima.

1.9.6 QUALIDADE DA ÁGUA PARA USO DOMÉSTICO

Diz-se que a água tem boa qualidade química para uso doméstico se for macia, com baixo teor de sólidos totais dissolvidos (TDS) e isenta de constituintes químicos venenosos. As provas que relacionam os efeitos crónicos para a saúde humana com contaminantes específicos da água potável são muito limitadas e, na ausência de informação científica exacta, os cientistas prevêem os efeitos adversos prováveis dos produtos químicos na água potável utilizando estudos com animais de laboratório e, quando disponíveis, dados humanos de relatórios clínicos e estudos epidemiológicos. Muitas organizações, tais como a Organização Mundial de Saúde (OMS), estabeleceram normas (valores-guia) para muitos dos valores que normalmente representam a água potável. Um valor de referência representa normalmente a concentração de um constituinte que não resulta em qualquer risco significativo para a saúde ao longo de uma vida de consumo (OMS, 2004). Alguns valores-guia provisórios foram estabelecidos em concentrações que são razoavelmente alcançáveis através de abordagens práticas de tratamento ou em laboratórios de análise; nestes casos, o valor-guia está acima da concentração que normalmente representaria o valor calculado com base na saúde. Os valores-guia são também designados como provisórios quando existe um elevado grau de incerteza nos dados toxicológicos e de saúde.

1.9.7 MÉTODO DA RESISTIVIDADE ELÉCTRICA MATRIZ DE WENNER

A matriz de Wenner é constituída por quatro eléctrodos colineares, igualmente espaçados. Os dois eléctrodos exteriores são normalmente os eléctrodos de corrente (fonte) e os dois eléctrodos interiores são os eléctrodos de potencial (recetor). O espaçamento da matriz expande-se em torno do ponto médio da matriz, mantendo um espaçamento equivalente entre cada elétrodo.

As vantagens da matriz de Wenner são o facto de a resistividade aparente ser facilmente calculada no terreno e de a sensibilidade do instrumento não ser tão crucial como noutras geometrias de matriz. São necessárias magnitudes de corrente relativamente pequenas para produzir diferenças de potencial mensuráveis.

As desvantagens são que, para cada sondagem, todos os eléctrodos têm de ser deslocados para uma nova posição. Para obter imagens em profundidade, é necessário utilizar cabos de corrente mais longos; o manuseamento dos cabos e eléctrodos entre cada medição pode ser complicado, especialmente em terrenos difíceis. O conjunto de Wenner é também muito sensível a homogeneidades próximas da superfície, que podem distorcer as respostas eléctricas mais profundas.

A matriz de Wenner é um levantamento de mão de obra intensiva devido aos comprimentos de cabo necessários e ao movimento dos eléctrodos durante o levantamento. Comprimentos substanciais de cabos energizados com corrente de alta tensão representam um risco para a segurança.

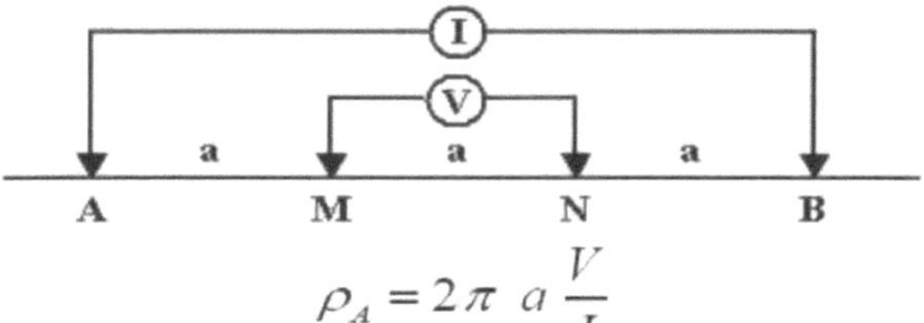

$$\rho_A = 2\pi\ a\ \frac{V}{I}$$

Figura 1.4 Configurações da matriz de Wenner: Fonte (Wikipedia)

FOLHA DE DADOS DE RESISTIVIDADE ELÉCTRICA WENNER

STATION____________________DIRECTION__________________DATE____________

PROJECT_____________________LOCATION_____________________

OPERATOR____________________EQUIPMENT____________________

REMARKS____

MATRIZ SCHLUMBERGER

A matriz Schlumberger é constituída por quatro eléctrodos colineares. Os dois eléctrodos exteriores são os eléctrodos de corrente (fonte) e os dois eléctrodos interiores são os eléctrodos de potencial (recetor).

Os eléctrodos de potencial são instalados no centro do conjunto de eléctrodos com uma pequena separação, normalmente inferior a um quinto do espaçamento entre os eléctrodos de corrente. Os eléctrodos de corrente são aumentados para uma maior separação durante o estudo, enquanto os eléctrodos de potencial permanecem na mesma posição até que a tensão observada se torne demasiado pequena para ser medida. Normalmente, a expansão dos eléctrodos de corrente ocorre cerca de seis vezes por década.

As vantagens do conjunto Schlumberger são que é necessário deslocar menos eléctrodos para cada sondagem e o comprimento do cabo para os eléctrodos potenciais é mais curto. As sondagens Schlumberger têm geralmente uma melhor resolução, uma maior profundidade de sondagem e uma implantação no terreno menos demorada do que a do conjunto Wenner. As desvantagens são que são necessários cabos de eléctrodos de corrente longos, o instrumento de registo tem de ser muito sensível e pode ser difícil ou confuso coordenar o conjunto entre a equipa de campo.

A matriz da Schlumberger é um levantamento de mão de obra intensiva devido aos comprimentos de cabo necessários e ao movimento dos eléctrodos durante o levantamento.

$$\rho_A = \frac{V}{I}\pi\frac{b\,(b+a)}{a} \approx \frac{V}{I}\pi\frac{b^2}{a} \quad \text{if } a << b$$

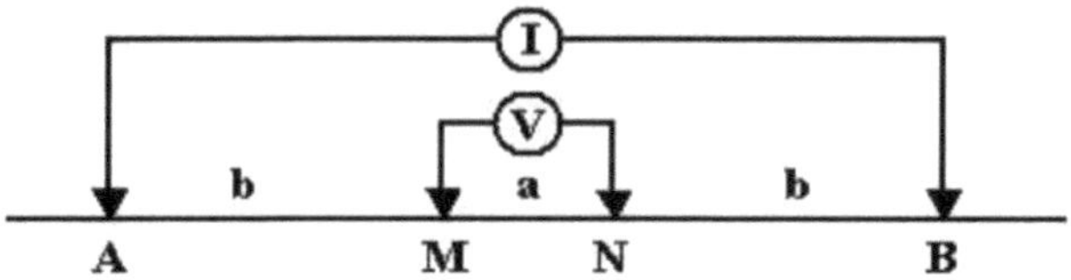

Figura 1.5 Configuração da Schlumberger: Fonte (Wikipedia)

FOLHA DE DADOS DE RESISTIVIDADE ELÉCTRICA DA SCHLUMBERGER

STATION__________________________DIRECTION_____________________DATE_____

PROJECT_____________________________________LOCATIONB________________

OPERATOR_________________________________EQUIPMENT___________________

REMARKS____

Quadro 1.2 Folha de dados de resistividade eléctrica da Schlumberger

1.9.8OBJECTIVOS DO ESTUDO

1- Investigar as características do aquífero, a espessura, o tipo de solo das camadas, a qualidade das águas subterrâneas (através do valor da condutividade) e a profundidade do lençol freático, utilizando a técnica de levantamento da resistividade por sondagem eléctrica vertical (VES).

2- Explorar as capacidades da técnica de levantamento da resistividade para a deteção de fracturas/zonas fracturadas enterradas sob uma rocha de sobrecarga e zonas auríferas, utilizando o método de simulação por computador em ambientes rochosos e aluviões, respetivamente, com diferentes características topográficas.

3- Determinar as características geoeléctricas e hidrogeológicas do aquífero presente na área de estudo.

4- Deteção e mapeamento da camada saturada de água em vários tipos de aquíferos pouco profundos.

CAPÍTULO 2

2.0 REVISÃO DA LITERATURA

A exploração adequada das águas subterrâneas pode ser considerada como um dos principais componentes das práticas de gestão das águas subterrâneas. A avaliação do potencial do aquífero, tanto em termos de qualidade como de quantidade, é da maior importância. O estudo da resistividade pode ser utilizado como um passo inicial para avaliar o potencial do aquífero e promover a utilização sustentável das águas subterrâneas.

Este capítulo trata da revisão da literatura relevante em relação ao estudo. Isto inclui o conceito de ocorrência e movimento de águas subterrâneas, a utilização de águas subterrâneas na área de estudo e a hidroquímica da água potável e agrícola (irrigação) também é discutida neste capítulo.

2.1 TÉCNICA DE INQUÉRITO

A gama de técnicas geofísicas utilizadas na investigação de águas subterrâneas é aqui descrita de forma breve, com o objetivo de fornecer uma introdução aos métodos e algumas referências bibliográficas úteis. As técnicas, juntamente com os parâmetros físicos que medem, estão resumidas na Tabela

1. Todas as técnicas geofísicas medem variações nas propriedades físicas de um material. Para solos e rochas, as propriedades podem ser divididas numa componente de estrutura ou matriz e numa componente de conteúdo de poros.

   Diferentes materiais apresentam diferentes assinaturas de parâmetros, tais como a resistividade ou o seu inverso, a condutividade, a velocidade acústica, a permeabilidade magnética e a densidade. Os intervalos típicos para estas propriedades são apresentados no quadro

2. Estes parâmetros são influenciados pelo tipo de mineral, disposição dos grãos, porosidade, permeabilidade e conteúdo dos poros (isto é, tipo de gás ou fluido). Em

   Em geral, nenhuma propriedade é única para qualquer material; em vez disso, um material é descrito por intervalos de cada propriedade. Na maioria dos levantamentos geofísicos, portanto, é importante que as mudanças ou contrastes nos parâmetros geofísicos sejam medidos e que o alvo mostre grandes diferenças de propriedade com o material circundante.

Para as investigações de águas subterrâneas, os parâmetros mais significativos que têm sido utilizados para descrever um sistema aquífero são os que se relacionam com a porosidade e permeabilidade do aquífero e dos aquitardes circundantes.

A condutividade eléctrica, ou a sua resistividade inversa, é o fator de proporcionalidade que relaciona a corrente eléctrica que flui num meio com a carga eléctrica aplicada. É a capacidade de uma carga eléctrica se deslocar através de um material. Existe frequentemente uma relação entre a condutividade eléctrica e o teor de argila ou o tipo de fluido. As relações entre a condutividade e as propriedades do material de um aquífero foram discutidas por Mazac et al. (1985) e as relações observadas entre a resistência e a condutividade hidráulica de um aquífero foram apresentadas pela investigação de Mazac. A velocidade sísmica está relacionada com os módulos elásticos e a densidade de um material, estando a velocidade da onda de compressão também correlacionada com a porosidade e o teor de fluido.

A utilização bem sucedida de cada técnica geofísica depende não só da conceção cuidadosa do levantamento, mas também da consideração de uma série de factores geológicos e culturais fundamentais, juntamente com os dados geofísicos. Estes factores incluem:

Natureza do objetivo: A assinatura geofísica do alvo deve ser diferente da assinatura da geologia ou hidrogeologia de fundo.

Profundidade de enterramento do alvo: A profundidade de enterramento da caraterística de interesse é importante, uma vez que diferentes técnicas têm diferentes gamas de investigação. O intervalo de profundidade depende da técnica, mas existe sempre uma relação de compromisso entre a profundidade de penetração e a resolução da técnica relativamente ao elemento de interesse. Uma técnica que procure penetrar profundamente na terra tem geralmente uma resolução mais baixa do que uma técnica que procure apenas profundidades pouco profundas

Dimensão do alvo: É necessário fazer uma estimativa da dimensão do alvo antes de selecionar as técnicas adequadas. O tamanho do alvo deve ser considerado em conjunto com o intervalo de profundidade para técnicas individuais.

Intervalo da estação de medição: Dependerá da profundidade de enterramento, do tamanho do alvo e da técnica selecionada.

Os levantamentos geofísicos têm sido tradicionalmente realizados ao longo de perfis de linha ou em grelhas e, por conseguinte, o espaçamento das estações ao longo das linhas deve ser calculado juntamente com a separação das linhas, a fim de não perder um determinado tamanho de alvo ou resultar em aliasing espacial do alvo. Uma regra geral aproximada é que uma anomalia geofísica terá aproximadamente o dobro do tamanho do objeto que causa a anomalia, pelo que isto dará o espaçamento máximo entre linhas e estações.

Calibração dos dados: A chave para o sucesso de qualquer levantamento geofísico é a calibração dos dados geofísicos com a informação hidro-geológica e geológica de referência. Os dados de calibração podem ser fornecidos por registos geofísicos em furos de sondagem, amostras derivadas de furos de sondagem por amostragem contínua e através da medição do fluxo de águas subterrâneas.

Técnicas magnéticas (ou geo-magnéticas)

As técnicas magnéticas medem o campo magnético remanescente associado a um material ou a mudança no campo magnético da Terra associado a uma estrutura geológica ou a um objeto feito pelo homem. Têm sido utilizadas para levantamentos regionais desde o início do século XX na indústria de hidrocarbonetos e durante mais tempo na prospeção de minerais, no entanto, pouca utilização tem sido feita diretamente para estudos de águas subterrâneas. Isto deve-se principalmente ao facto de as águas subterrâneas não terem uma assinatura magnética. A principal utilização para investigações regionais de águas subterrâneas tem sido como parte de estudos combinados com a gravidade para definir estruturas de bacias hidrográficas em grande escala. Uma descrição básica da sua utilização pode ser encontrada em Babu et al. (1991), que descrevem a sua utilização para o mapeamento da topografia do leito rochoso e, em particular, de possíveis reservatórios de água subterrânea em terrenos de rocha dura (ígnea e metamórfica). Outra utilização da técnica magnética juntamente com levantamentos de resistividade em terrenos vulcânicos foi descrita por Aubert et al. (1984). Os levantamentos magnéticos são também frequentemente utilizados para localizar a causa de águas subterrâneas contaminadas através da pesquisa de objectos metálicos enterrados, tais como tanques de armazenamento de hidrocarbonetos e contentores de produtos químicos, no entanto, estas utilizações não são discutidas mais adiante.

Os levantamentos magnéticos também têm sido utilizados para identificar falhas no subsolo e outros locais de fraqueza da crosta que podem representar caminhos preferenciais de fluxo de fluidos. Grandes áreas podem ser cobertas utilizando levantamentos magnéticos aéreos com espaçamento de linhas e estações de dezenas de metros de largura. Os resultados dos levantamentos magnéticos são geralmente apresentados como perfis de linha ou mapas de anomalias magnéticas. Neste estudo, foi feita uma avaliação regional de potenciais zonas de fratura e falha antes da realização da geofísica. Os levantamentos magnéticos e electromagnéticos aerotransportados foram então realizados com um espaçamento de linha de 100m, a fim de identificar os principais controlos estruturais e limites geológicos. A geofísica aérea foi seguida por um programa terrestre de levantamento magnético e eletromagnético. Os resultados mostraram que as principais zonas de falha e de cisalhamento forneceram aquíferos altamente fracturados e de maior rendimento que poderiam ser mapeados em regiões de águas subterrâneas relativamente escassas. Foi recomendada a realização de futuros mapeamentos aéreos com um espaçamento de 50 m entre linhas. A aplicação de levantamentos magnéticos para sequências não consolidadas tem sido algo limitada, uma vez que as assinaturas magnéticas para diferentes horizontes de sedimentos são frequentemente fracas.

2.2 MÉTODO DA GRAVIDADE

As utilizações comuns dos levantamentos gravimétricos ou microgravimétricos têm sido o registo das alterações na densidade dos materiais.

Embora os métodos gravimétricos não tenham sido amplamente utilizados para aplicações em águas subterrâneas, existem alguns exemplos notáveis da sua utilização para mapear a localização de rochas de baixa densidade (tipicamente sequências sedimentares) no interior de rochas basais mais densas. Yuhr et al. (1993) utilizaram uma combinação de electromagnética e microgravidade para conceber uma abordagem estratégica para o mapeamento de características cársicas. Outras aplicações comuns são a deteção de vazios na subsuperfície, onde as pequenas mudanças na atração gravitacional da Terra causadas por tais contrastes de densidade podem ser registadas com instrumentação moderna. No entanto, a interpretação dos dados gravitacionais é difícil, uma vez que as causas das alterações no campo gravitacional podem ser muitas e variadas. Além disso, a recolha de dados gravimétricos é normalmente um processo lento e, portanto, dispendioso. Os resultados dos levantamentos gravimétricos são apresentados sob a forma de mapas gravimétricos e modelos 3D, de forma semelhante aos dos dados magnéticos.

Os aquíferos aluvionares de vales enterrados foram cartografados utilizando a gravidade por Lennox e Carlson (1967), e também por van Overmeeren (1980). Um estudo mais recente sobre um esquema de extração de aquíferos por Allis e Hunt (1986) utilizou medições de alterações da microgravidade para monitorizar a extração na zona de vapor no campo geotérmico de Wairakei. Van Overmeeren (1975) utilizou uma abordagem combinada de microgravidade e refração sísmica para avaliação das águas subterrâneas perto da província de Taltal, no Chile, com um estudo semelhante que incluiu a utilização da resistividade eléctrica para estudar as águas subterrâneas no Sudão (van Overmeeren, 1981).

2.3 MÉTODO ELÉCTRICO

As técnicas eléctricas e electromagnéticas têm sido amplamente utilizadas em investigações geofísicas de águas subterrâneas devido à correlação que existe frequentemente entre as propriedades eléctricas, as formações geológicas e o seu conteúdo fluido (Flathe, 1955; Zohdy et al, 1974). A maioria das técnicas eléctricas induzem uma corrente eléctrica no solo através do acoplamento direto com o solo. O potencial elétrico resultante é então utilizado para medir a variação da condutividade do solo, ou o seu inverso, a resistividade. Diferentes materiais, e os fluidos neles contidos, mostrarão diferentes capacidades de conduzir uma corrente eléctrica. Em geral, as sequências com elevado teor de argila apresentam uma condutividade mais elevada, tal como as sequências saturadas e, especialmente, as sequências onde estão presentes fluidos salinos (ou, por vezes, outros contaminantes). A prática comum de campo para a prospeção eléctrica baseia-se na colocação direta de uma corrente eléctrica no solo (prospeção de resistividade eléctrica por corrente contínua) e na medição da resposta (a queda de potencial elétrico) a essa corrente ao longo de uma determinada distância.

Os resultados típicos dos levantamentos eléctricos são perfis eléctricos ou imagens geoeléctricas e sondagens geoeléctricas de profundidade. O método de perfil ou transecto para mapear as mudanças de resistividade lateral é agora largamente substituído por técnicas electromagnéticas, uma vez que a técnica eléctrica é lenta (quando as sondas têm de ser colocadas diretamente no solo) e, portanto, não é rentável em relação às técnicas electromagnéticas (MacDonald et al. 2001). No entanto, os métodos eléctricos continuam a ser amplamente utilizados para a realização de sondagens e cortes transversais eléctricos.

As técnicas eléctricas podem ser divididas em vários tipos com base na configuração dos eléctrodos que são utilizados para introduzir as correntes eléctricas no solo e na natureza da assinatura eléctrica. Apenas a base das técnicas de resistividade eléctrica de corrente contínua será discutida aqui sem uma revisão das diferentes configurações de eléctrodos.

2.4 MÉTODO DA RESISTIVIDADE POR CORRENTE CONTÍNUA

O método de resistividade eléctrica de corrente contínua (DC) para a realização de uma sondagem eléctrica vertical (VES) provou ser muito popular nos estudos de águas subterrâneas devido à simplicidade da técnica e à robustez da instrumentação. Um excelente exemplo da utilização desta técnica foi demonstrado num estudo para um abastecimento de água rural no norte da Nigéria. Antes da utilização da sondagem eléctrica vertical, foi registada uma taxa de insucesso de mais de 82% nos furos de sondagem. Com a geofísica e uma combinação de inspeção geológica e foto-geológica, esta taxa foi drasticamente reduzida para menos de 20% de falhas. Van Overmeeren (1989) mostrou a utilização de medições eléctricas no mapeamento das condições de fronteira num sistema aquífero no Iémen. Beeson e Jones (1988), Olayinka e Barker (1990), Hazell et al. (1988 e 1992), Barker et al. (1992) e Carruthers e Smith (1992) demonstraram a utilização de técnicas eléctricas para a abertura de poços e sondagens em aquíferos do subsolo cristalino na África subsariana. Outros exemplos semelhantes são dados por Wurmstich et al. (1994) e Yang (1998). Yang et al. (1994) demonstraram um desenvolvimento útil de técnicas eléctricas ao considerar a condutância da secção DC como um guia para o potencial global do aquífero para mapear os recursos de água subterrânea na Bacia do Kalahari. Este tipo de abordagem pode encontrar aplicabilidade em muitos estudos de águas subterrâneas de bacias máficas. Sauck e Zabik (1992) demonstraram um desenvolvimento da técnica de sondagem através da realização de levantamentos azimutais. Este método foi utilizado com sucesso para avaliar a variação direcional da condutividade hidráulica dos sedimentos glaciares na Suíça. Uma abordagem semelhante foi testada por Marin et al. (1998).

No final da década de 1990, foram desenvolvidos métodos para a aquisição contínua de dados eléctricos através da utilização de uma matriz eléctrica puxada (Sorensen, 1996). Estas técnicas utilizam uma matriz eléctrica estática que é puxada através da superfície do solo para cobertura contínua da subsuperfície ao longo de perfis 2D. Moller et al. (1998) efectuaram uma comparação favorável da matriz puxada com a de uma matriz 2D estática. Christensen e Sorensen (1998) demonstraram o potencial destas técnicas quando combinadas com as das sondagens TDEM para esquemas regionais de investigações hidrogeofísicas. Ilustram esta abordagem utilizando levantamentos em grande escala na Dinamarca, onde existem problemas generalizados no fornecimento de quantidades crescentes de água potável de alta qualidade a populações em expansão. É de salientar nestes estudos a capacidade de obter uma elevada cobertura de dados em áreas densamente povoadas, onde o ruído cultural e os condutores artificiais dificultam os levantamentos geofísicos. Além disso, demonstram a natureza eficiente dos levantamentos, onde 10 a 15 km de dados podem ser obtidos por uma equipa de duas pessoas por dia.

As técnicas de sondagem vertical são tipicamente limitadas na superfície próxima a profundidades de exploração inferiores a 50 m devido ao espaçamento dos eléctrodos e à força das correntes necessárias. (Young et al, 1998). Além disso, a maiores profundidades, o grande espaçamento entre eléctrodos significa que há uma considerável mancha lateral dos resultados. Os recentes avanços na capacidade de computação conduziram a desenvolvimentos nas técnicas eléctricas que abriram a possibilidade de realizar verdadeiros cortes transversais geoeléctricos 2D e, mais experimentalmente, volumes 3D. Os métodos geoeléctricos 2D são muito eficazes na medição de secções até 10 m, com alguns resultados recentes apresentados a partir de uma penetração mais profunda. Os resultados dos levantamentos eléctricos são normalmente apresentados como secções geoeléctricas, de condutividade ou de resistividade, perfis de linha ou mapas e volumes. Um bom exemplo disto para a exploração de águas subterrâneas é mostrado por (Barker, 1981) usando levantamentos de resistividade 2D com um sistema de imagem ABEM Lund juntamente com radar de penetração no solo em aquíferos aluviais no Zimbabué. Os resultados foram utilizados para construir modelos geológicos/hidrogeológicos conceptuais dos aquíferos como base para orientar o programa de perfuração. Olayinka e Barker (1990) utilizaram técnicas semelhantes de travessia de resistividade controladas por microprocessador para a abertura de furos de sondagem na Nigéria.

Os estudos mais recentes tendem a não se basear apenas no método elétrico para obter dados, mas antes a integrá-lo com outras técnicas geofísicas. Exemplos da abordagem multitécnica utilizando técnicas eléctricas e electromagnéticas incluem os de Beeson e Jones (1988), Zonge et al. (1985), Bartel (1986), Buselli et al. (1988, 1992), Hazell et al. (1988), Saksa e Paananen (1992), Sorensen e Sondergaard (1999). Um geofísico utilizou um radar de penetração no solo juntamente com medições eléctricas para estimar o teor de água e a porosidade das formações. Yadav e Abolfazli (1998) também tentaram estabelecer relações entre os parâmetros hidráulicos e os resultados geoeléctricos nas regiões semi-áridas de Jalore, no noroeste da Índia, e é provável que esta abordagem venha a ter um interesse crescente no futuro. Kalinski et al. (1993) utilizaram técnicas de sondagem eléctrica para estabelecer relações entre a condutância hidráulica num aquífero e os seus aquitardes protectores (uma camada de argila).

Em seguida, realizaram perfis que foram calibrados com as sondagens para aplicar as relações numa área maior que continha os aquitardes.

2.5 MÉTODO DE MUITO BAIXA FREQUÊNCIA

Os métodos de levantamento de frequências muito baixas (VLF) baseiam-se em onze estações principais que transmitem ondas electromagnéticas VLF contínuas distribuídas por todo o mundo. A interação das ondas electromagnéticas planas emitidas por estes transmissores pode ser medida quando as ondas incidem em diferentes materiais condutores na terra. Os condutores de chapa vertical são particularmente sensíveis às ondas. Exemplos de condutores verticais incluem falhas, diques e zonas de fratura ou de junção. Estas características estão frequentemente associadas a um maior fluxo de fluidos (águas subterrâneas). As linhas de perfil de pesquisa conduzidas perpendicularmente aos condutores mostram uma forte resposta ao condutor. O método é geralmente pouco dispendioso com a saída de dados finais do instrumento fornecendo uma indicação direta das anomalias lineares do condutor. O método é frequentemente conduzido como um levantamento de reconhecimento, uma vez que grandes áreas de terreno podem ser rapidamente cobertas. Uma revisão completa dos métodos VLF foi dada por McNeill e Labson (1991) e um bom exemplo recente de localização de poços de rocha em zonas de fratura com água para prevenção da migração de contaminantes foi dado por Covel et al. (1996). O método VLF é normalmente utilizado em conjunto com outras técnicas de acompanhamento, como a resistividade DC. Benson et al. (1997) apresentam um exemplo desta situação. Michaud e Covel (1998) demonstraram a técnica em conjunto com a técnica de registo de fundo durante um estudo hidro-geológico de uma ilha na Baía de Narragansett, Rhode Island.

2.6 MÉTODO ELECTROMAGNÉTICO

As técnicas electromagnéticas têm sido amplamente desenvolvidas e adaptadas nos últimos 15 anos para mapear alterações laterais e verticais na condutividade, com alguns exemplos espectaculares da sua utilização em estudos de águas subterrâneas. Embora o resultado final seja semelhante ao das técnicas eléctricas, várias vantagens das técnicas electromagnéticas resultam numa maior resolução e numa aplicação mais económica.

Kaufman e Keller (1997) forneceram um extenso historial da geofísica electromagnética e uma série de contribuições importantes foram também publicadas em Electromagnetic Methods in Applied Geophysics- Applications part A and B, uma publicação especial da Society of Exploration Geophysics.

Atualmente, são praticados dois tipos de levantamentos electromagnéticos: (i) levantamentos electromagnéticos no domínio do tempo (TDEM), que são utilizados principalmente para sondagens de profundidade e, recentemente, em alguns instrumentos do tipo detetor de metais, e (ii) levantamentos electromagnéticos no domínio da frequência (FDEM), que são utilizados predominantemente para mapear alterações laterais na condutividade. Em ambas as técnicas de levantamento eletromagnético, os eléctrodos não entram em contacto direto com o solo, pelo que a taxa de levantamento pode ser muito superior à das técnicas eléctricas, em que as sondas dos eléctrodos têm de ser colocadas no solo para cada medição. Ambas as técnicas medem a condutividade do solo induzindo um campo elétrico através da utilização de correntes eléctricas variáveis no tempo em bobinas transmissoras localizadas acima da superfície do solo. Estas correntes variáveis no tempo criam campos magnéticos que se propagam na terra e causam correntes eléctricas secundárias que podem ser medidas enquanto o campo primário está a transmitir (durante os levantamentos no domínio da frequência) ou depois de o campo primário ter sido desligado (para levantamentos no domínio do tempo). Existe instrumentação para efetuar levantamentos a uma gama de profundidades, quer em modo de transecto, quer como sondagens discretas.

2.7 ELECTROMAGNÉTICA NO DOMÍNIO DA FREQUÊNCIA (FDEM)

Foram publicados relatórios sobre a utilização de perfis FDEM na exploração de águas subterrâneas utilizando o método Sling ram e para medições a baixos números de indução por McNeill (1980). A técnica é geralmente utilizada para medir variações de condutividade lateral ao longo de perfis de linha, quer como linhas individuais ou grelhas de dados.

Outras melhorias recentes no FDEM viram a integração da tecnologia GPS com os instrumentos FDEM, o que levou a um aumento dramático na taxa em que os levantamentos electromagnéticos podem ser realizados. Vários fabricantes oferecem equipamentos FDEM que variam em tamanho físico, facilidade de operação e profundidade de levantamento. Um exemplo é dado pela Geonics Ltd. Normalmente, os resultados dos levantamentos FDEM são apresentados como mapas de contorno de condutividade e secções geoeléctricas 2D que mostram diferenças de condutividade ao longo de um perfil de linha. As alterações na condutividade estão frequentemente associadas a diferenças entre sequências litológicas e sobre terrenos perturbados, tais como zonas com falhas ou mineralizadas. Uma comparação de técnicas electromagnéticas para cartografia de reconhecimento de águas subterrâneas foi apresentada por Richards et al. (1995).

Um exemplo útil de FDEM para estudos de águas subterrâneas foi dado por Godio et al.

(1998) numa área montanhosa no nordeste de Itália. Neste caso, um levantamento no domínio da frequência utilizando separações de bobinas de 20m e 40m forneceu informações sobre a resistividade eléctrica para a localização de vários poços de água. Os valores de resistividade do FDEM foram calibrados utilizando os resultados de sondagens eléctricas verticais e as características significativas observadas ao longo dos percursos do FDEM foram colaboradas com perfis VLF. Van Lissa et al. (1987) demonstraram a utilização do FDEM para mapear alterações geológicas laterais e falhas e fracturas portadoras de água na província de Nyanza, no Quénia ocidental. Foi desenvolvida uma metodologia que começou por localizar potenciais zonas de falhas e fracturas a partir de fotografias aéreas e imagens de satélite. Estas zonas foram depois identificadas com o FDEM, juntamente com perfis de resistividade e sondagens eléctricas verticais de resistividade DC. A utilização combinada das três técnicas geofísicas resultou numa taxa de sucesso de mais de 80% para a localização de furos, com as profundidades dos furos determinadas pela geofísica a serem apenas cerca de metade das dos furos tradicionais e com rendimentos de 140% dos furos tradicionais. Para além disso, estimou-se que os custos relativamente baixos dos métodos geofísicos se aproximavam dos 3% dos custos de construção de um furo, sendo assim mais do que justificados pelo aumento das taxas de rendimento e de sucesso. Uma abordagem semelhante foi adoptada por Edet (1990) num estudo sobre um terreno basal no noroeste da Nigéria.

O subsolo cristalino desta região só pode ser explorado onde existem extensas fracturas e falhas.

Estas foram localizadas pela primeira vez utilizando a análise de lineamentos a partir de fotografias aéreas com levantamentos de acompanhamento utilizando medições electromagnéticas em terra. Durante um programa de perfuração subsequente, verificou-se que os rendimentos dos furos aumentavam geralmente com o aumento da condutividade eléctrica e da densidade das fracturas. Taylor et al. (1997) também utilizaram o eletromagnético para localizar poços de água pouco profundos em aquíferos altamente fracturados. Taylor também demonstrou uma combinação de FDEM e de sondagens eléctricas verticais para localizar zonas de maior produção de água subterrânea a partir de fracturas em áreas de rampa.

2.8 ELECTROMAGNÉTICO NO DOMÍNIO DO TEMPO (TDEM)

As técnicas TDEM produzem secções transversais geoeléctricas unidimensionais e bidimensionais de forma semelhante às secções transversais eléctricas. As profundidades de levantamento para TDEM são de 5m a mais de 100s de metros com alta resolução vertical e lateral. No entanto, estas técnicas não permitem obter uma resolução elevada a partir de 5 m até à superfície. Também é possível realizar levantamentos electromagnéticos utilizando ferramentas de registo em furos de sondagem sem revestimento metálico. Este procedimento demonstrou ser extremamente sensível às alterações litológicas e é importante para a calibração da geofísica de superfície com a geologia sub-superficial (Ref. Savannah river). A correlação adicional entre as medições eléctricas/electromagnéticas e as amostras físicas pode ser obtida através da medição da resistividade em laboratório em amostras de furos. Atualmente, estão disponíveis muitas histórias de casos regionais para demonstrar a utilidade do TDEM na exploração de águas subterrâneas, com trabalhos de fundo sobre a intrusão de água salgada apresentados por Stewart (1982), Goldstein et al. (1990), Fitterman e Stewart (1986), Hoekstra e Evans (1986), Mills et al. (1988), Hoekstra e Blohm (1990), Miamone et al. (1989), Hoekstra et al. (1992), Wolfe et al. (1999), Jensen et al. (2000).

Hoekstra e Blohm (1990) utilizaram o TDEM para mapear diferentes níveis de intrusão de água salgada em três aquíferos diferentes perto da Baía de Monteray, Califórnia. O aumento do total de sólidos dissolvidos no fluido mostrou o progresso da intrusão de água salgada onde o aquífero mais profundo teve a menor quantidade de extração e foi menos intrudido pela água salgada. O aquífero mais superficial, com maiores taxas de extração, apresentou a maior intrusão de água salgada no interior. Hild et al. (1996) utilizaram uma abordagem semelhante para cartografar a lente de água doce que flutua na água salgada por baixo da ilha de Guam, nas Ilhas Marianas do Norte, no Pacífico Ocidental. Esta abordagem tem tido muito sucesso neste tipo de projectos de exploração de águas subterrâneas (Hild et al., 1996). Nestes tipos de estudo (ver também o trabalho de para outros exemplos) é feito uso do princípio de Ghyben-Herzberg (Davis e De Wiest, 1966) onde uma lente basal de água doce flutuando sobre água salgada mais densa tem uma espessura que força o contacto água doce-água salgada a uma profundidade abaixo do nível do mar que é 40 vezes a elevação do topo da água doce acima do nível do mar. A fronteira entre a água doce e a água salgada apresenta um elevado contraste elétrico que é facilmente cartografado com técnicas TDEM, especialmente em rochas resistivas. Este recurso de água doce é significativo para muitas destas ilhas, onde o armazenamento de água é deficiente e a procura de água está a aumentar. A demonstrou a utilização do TDEM em áreas urbanas para mapear a fronteira entre água doce e água salgada com levantamentos em torno do sul do condado de Nassau, Long Island NY. A utilização do TDEM no mapeamento de outros sistemas de águas subterrâneas inclui o mapeamento de aquíferos cársicos (Alwail, 1996), trabalhos em pequenas ilhas do Pacífico, integração com dados de sondagens (Paillet et al., 1999) e investigações de terrenos com falhas em blocos (Petersen et al., 1989).

A utilização bem sucedida do TDEM em ambientes áridos é também demonstrada pelo trabalho de Petersen em Omã, onde mais de 30% da população depende de água subterrânea extraída de aquíferos de aluvião na planície de Batinah, na costa do Golfo de Omã. O seu trabalho ao longo de mais de 400 km de perfis definiu três zonas dentro do aquífero e uma cunha de intrusão salina até 10 km da costa. Taylor et al, (1992) mostraram a utilização de TDEM com sondagens simples 1D, estreitamente espaçadas, para definir a hidrogeologia local num ambiente aluvial árido perto de Reno, Nevada. Os resultados foram utilizados para reduzir o número total de poços necessários para caraterizar o sistema de águas subterrâneas. Meju et al, 1993 demonstraram o uso poderoso da combinação de métodos TDEM com métodos magneto-telúricos de audiofreqüência para mapeamento estratigráfico e hidrogeológico na parte sudeste da bacia do Parnaíba, Brasil. Uma travessia de 400 km mostrou que as técnicas estão em excelente concordância com os dados de sondagem e a geologia conhecida da área. Os seus resultados também mostraram que as principais formações podiam ser distinguidas com base na resistividade e uma avaliação preliminar dos recursos de água subterrânea indicou que os principais aquíferos contrastavam com as rochas circundantes com maior porosidade e permeabilidade. O método AMT foi útil para mapear os aquíferos mais profundos (mais de 100m), com o TDEM a dar maior fidelidade aos aquíferos que eram menos profundos do que isso.

A utilização integrada de métodos TDEM foi recentemente demonstrada com grande sucesso com os programas de cartografia regional levados a cabo pela Danish Survey e relatados por Christensen e Sorensen (1994,1998), Sorensen et al. (2000). Goldman e Neubauer (1994) também demonstraram uma utilização integrada do TDEM juntamente com a tomografia de ressonância magnética nuclear e eléctrica. Este trabalho foi continuado por Shtivelman e Goldman (1998) com um estudo combinado de aquíferos costeiros em Israel, utilizando tanto o TFEM como a reflexão sísmica.

Os sistemas electromagnéticos aéreos têm sido testados em várias regiões para investigações hidrogeológicas. Tradicionalmente, os sistemas electromagnéticos de frequência e de domínio do tempo têm sido utilizados para a prospeção mineral, mas tem havido um interesse hidrogeológico crescente nestas técnicas, particularmente em áreas urbanas, na última década. A vantagem dos sistemas aerotransportados é a rápida aquisição de dados em grandes áreas, pelo que estas técnicas são ideais para estudos regionais (Jackson, 1993). No entanto, as desvantagens são a fraca resolução horizontal, uma largura de banda estreita que dá origem a uma resolução vertical reduzida e a suscetibilidade dos sistemas ao ruído ambiental. As técnicas são sempre aplicadas em conjunto com a prospeção terrestre para calibração, como o TDEM terrestre, o registo de furos e a integração com outras informações geológicas.

O trabalho futuro determinará se a técnica será utilizada de forma generalizada nas avaliações das águas subterrâneas. Outra aplicação das técnicas EM aerotransportadas tem sido o mapeamento da profundidade do subsolo sob os aquíferos. Wynn et al (2000) demonstraram o aumento da resolução obtida com este tipo de levantamento em relação aos dados gravimétricos mais tradicionais no Vale de San Pedro, no sul do Arizona. Neste estudo, foram encontradas várias dificuldades com a interferência cultural humana (linhas eléctricas, condutas, etc.) e também ruído geológico estático de fluxos vulcânicos do Terciário que exigiriam um processamento adicional no futuro. Gamey et al. (1996) demonstraram técnicas aerotransportadas para mapear a espessura de argila para canais de irrigação utilizando levantamentos aerotransportados.

2.9 OUTROS MÉTODOS ELÉCTRICOS E ELECTROMAGNÉTICOS

Três outros métodos têm tido uma utilização limitada para estudos de águas subterrâneas, nomeadamente o potencial induzido, o potencial espontâneo e os métodos telúricos. A medição da polarização induzida (IP) é feita utilizando a configuração convencional de eléctrodos de resistividade eléctrica, em que a tensão entre eléctrodos é medida como uma função de decaimento com o tempo após a corrente ter sido desligada ou quando a corrente é ligada. A técnica tem sido mais utilizada na procura de depósitos minerais, mas tem tido algum sucesso limitado em aplicações de águas subterrâneas. Foram apresentados dois casos históricos, em que as proporções dos valores de IP foram medidas 5 e 10 segundos após o corte da corrente. As rações mais elevadas foram associadas a material de grão mais fino num aquífero de canal enterrado. Outros estudos são apresentados por Draskovits et al. (1990), Ruhlow et al. (1999)

e para estudos de contaminação por Sanberg et al. (1998).
O método de geofísica de potencial espontâneo ou autopotencial utiliza potenciais de solo naturais de corpos minerais, reacções geoquímicas e movimento de águas subterrâneas. As técnicas têm sido mais frequentemente utilizadas na exploração de depósitos minerais e têm sido observadas aplicações bem sucedidas na prospeção de águas subterrâneas em associação com sistemas geotérmicos. Os métodos também têm sido utilizados recentemente para investigar a fuga de sistemas como aterros sanitários e barragens naturais (Jansen et al., 1994).
Os métodos telúricos que utilizam flutuações naturais na magnetosfera da Terra, causando correntes de baixa frequência no solo, foram desenvolvidos para estudos geológicos regionais (profundos) nos últimos 30 anos (métodos AMT, para uma revisão ver Vozoff, 1986). No início da década de 1970, foram introduzidas fontes controladas no método (CSAMT) para aumentar a fiabilidade das assinaturas das fontes (Zonge e Hughes, 1991).
Giroux et al. (1997) deram exemplos da sua utilização em levantamentos de águas subterrâneas profundas, para aquíferos profundos do Senegal, onde não só foi utilizado como método para encontrar a base do aquífero local, mas também para estimar os valores de porosidade, Nichols et al. (1994), que mostraram que podia ser utilizado para medir o teor e a qualidade da água na Ilha da Reunião. Ritz et al. (1997) demonstraram a utilização de métodos CSAMT em conjunto com a prospeção electromagnética no domínio do tempo.

2.9.1MÉTODO SÍSMICO

Nos métodos sísmicos são efectuadas medições da propagação da energia acústica num meio. A velocidade da energia acústica sob a forma de ondas de compressão e de cisalhamento está relacionada com o módulo elástico dinâmico e a densidade de um material. A utilização de levantamentos sísmicos na exploração de águas subterrâneas tem-se baseado tradicionalmente em técnicas de refração sísmica que utilizam ondas de compressão que mostram uma velocidade crescente com a densidade. Este facto contrasta com a utilização da sísmica na indústria dos hidrocarbonetos, onde a técnica de reflexão domina a exploração. Este facto deve-se principalmente aos elevados custos associados à aquisição e ao processamento de dados de reflexão.
Haeni (1988) fez uma extensa revisão das técnicas de refração sísmica. A revisão destaca a principal utilização da sísmica de refração para cartografar a profundidade e a geometria da superfície do leito rochoso subjacente a sedimentos não consolidados (drift). Uma outra utilização da sísmica de ondas de compressão é demonstrada para cartografar o lençol freático, uma vez que se regista um aumento significativo da velocidade ao longo do lençol freático, de material não saturado para material saturado.
Wallace (1970) realizou estudos em bacias aluviais profundas com profundidades variáveis do lençol freático e Visarion et al. (1976) investigaram sequências complexas de calcário cársico na Roménia. Um bom exemplo da utilização combinada da refração sísmica com outras técnicas foi dado por Wachs et al. (1979) para encontrar a profundidade do leito rochoso e a profundidade do lençol freático em zonas áridas, utilizando a refração sísmica e a resistividade eléctrica. Bates et al. (1992) demonstraram a utilização da refração sísmica de ondas compressionais e de cisalhamento em vários locais nos EUA e também mostraram as

armadilhas associadas à refração sísmica e, em particular, o problema da camada oculta para a avaliação das águas subterrâneas. El-Behiry (1994) utilizou tanto a refração como a electromagnética para investigar uma camada confinante, que pode frequentemente atuar como uma camada oculta, no centro de Nova Jersey.

A refração sísmica também tem sido utilizada para inferir propriedades do aquífero, como a porosidade. Duffin e Elder (1979) utilizaram a refração sísmica para determinar relações empíricas para estimar a porosidade total em aquíferos de areia no sul do Texas. De forma semelhante, van Zijl e Huyssen (1971) utilizaram a refração de ondas de compressão para avaliar a relação entre velocidade, porosidade e profundidade de soterramento para um aquífero de areia na África do Sul. Haeni (1986) mostrou a aplicação de métodos de refração em estudos de modelação de águas subterrâneas em vários locais da Nova Inglaterra. Vilas et al. (1998) mostraram a utilização combinada de refração sísmica, técnicas eléctricas e GPR para investigar um esquema de captação complexo na Catalunha. Os resultados foram utilizados para determinar a topografia do subsolo e o volume de solo 3D, de modo a poder fornecer ao modelo hidrológico os parâmetros de fluxo correctos para o comportamento hidráulico dos aquíferos.

Estudos recentes para avaliação das águas subterrâneas no aquífero Pleistocene Crag no nordeste de Norfolk, Inglaterra. O levantamento sísmico forneceu informações sobre a estrutura interna do aquífero, que mostra camadas de estratos argilosos e siltosos que limitam a permeabilidade vertical global do aquífero. Alguns utilizaram a reflexão sísmica de alta resolução para definir o controlo estrutural e a base dos aquíferos de aluvião na planície de Batinah, Golfo de Omã. Um estudo integrado de reflexão de alta resolução e TDEM em vários locais ao longo da costa mediterrânica de Israel para definir o aquífero costeiro de depósitos marinhos e continentais quaternários. A interpretação dos conjuntos de dados geofísicos combinados permitiu a discriminação das sequências arenosas de maior porosidade das sequências argilosas de menor porosidade/permeabilidade. Esta discriminação foi importante para gerir a intrusão de água salgada.

Um estudo interessante que utiliza a técnica de reflexão foi apresentado por Woodward (1994), que demonstrou a informação que poderia ser obtida através do reprocessamento de dados de exploração profunda de hidrocarbonetos para a informação hidrogeológica próxima da superfície numa área nos Emirados de Abu Dhabi. Esta abordagem pode oferecer um meio de realizar investigações preliminares em muitas zonas áridas do Médio Oriente e em partes de África onde a exploração de hidrocarbonetos já foi realizada.

2.9.2 MÉTODO DO RADAR DE PENETRAÇÃO NO SOLO

O radar de penetração no solo registou um aumento significativo na sua utilização durante a década de 1990 em investigações próximas da superfície, com uma série de histórias de casos registadas para levantamentos de águas subterrâneas. O aumento da utilização foi, em parte, estimulado por um aumento da capacidade de computação e pela diminuição do seu custo.

O radar de penetração no solo é uma técnica electromagnética para medir as correntes de deslocamento no solo. As correntes de deslocamento são definidas pelo movimento de carga no solo por polarização e podem ser relacionadas com o campo elétrico aplicado através da

permissividade eléctrica do solo ou da constante dieléctrica.
As utilizações tradicionais para cartografar secções geológicas foram objeto de excelentes revisões por parte de alguns investigadores e a utilização específica das propriedades hidrogeológicas por Knoll e Knight (1993) e Rea e Knight (1995).
Embora a técnica resulte frequentemente em secções espectaculares e de alta resolução da terra, recomenda-se algum grau de cautela com o GPR, uma vez que a técnica pode ser limitada a penetrações inferiores a 50 cm quando a condutividade eléctrica do solo à superfície é superior a 30 msm^{-1} . Infelizmente, estes valores são frequentemente atingidos em solos argilosos e argilo-siltosos ou em solos 100% saturados de sais, pelo que se recomenda uma medição da condutividade próxima da superfície antes de iniciar um levantamento GPR. O lençol freático é frequentemente também um forte refletor GPR, como demonstrado pelo trabalho de Trenholm e Bentley (1998), o que pode limitar a profundidade de penetração dos sinais. Arcone et al. (1998) demonstraram a utilização do GPR em áreas de permafrost para cartografar a rocha e as águas subterrâneas em zonas onde o permafrost apresenta uma natureza descontínua, podendo assim atuar como uma barreira à migração de fluidos. Harari (1996) demonstrou a alta resolução possível com esta técnica na imagiologia de um complexo aquífero de dunas de areia na província oriental da Arábia Saudita.
Greenhouse et al. (1992) deram bons exemplos da utilização de GPR em conjunto com VLF e FDEM em locais perto de Ontário, Canadá. Um conjunto semelhante de monitorizações foi realizado com uma série de técnicas geofísicas, incluindo o GPR a jusante e à superfície, num aquífero aluvial pouco profundo no local de investigação geofísica da Boise Hydro. Clement et al., 1999, demonstraram a utilização do GPR em conjunto com medições complexas de resistividade para detetar hidrocarbonetos e outros produtos químicos orgânicos nas águas subterrâneas. Foram realizados estudos semelhantes para a deteção de hidrocarbonetos por Saunders et al. (1993) e para a monitorização de testes de bombagem por Endres et al. (1997).
Outros trabalhos importantes têm sido efectuados com a utilização do GPR para produzir imagens 3D da subsuperfície. No entanto, é provável que a sua utilização em estudos de águas subterrâneas tenha um custo proibitivo. Green et al. (1995) demonstraram a utilização integrada do GPR com a reflexão sísmica 3D para mapear sedimentos glaciolacustres e glaciofluviais na Suíça.

CAPÍTULO 3

MATERIAL E MÉTODO

3.0 MATERIAIS

O levantamento geoeléctrico foi realizado em 11/06/2015. Utilizando os seguintes equipamentos adquiridos do ministério da agência de água urbana rural (RUWSSA). No trabalho de pesquisa, foi adotado o schlumberger array. Os equipamentos utilizados para o levantamento são:

1. Terrameter SAS 300C
2. Fio enrolado
3. Fita adesiva
4. Martelo
5. Eléctrodos
6. Medidor GPS
7. Eléctrodos de corrente e de potencial
8. Bateria D.C 12volts

Figura 3.1 A configuração do inquérito

Figura 3.2: O inquérito

3.1 PROCEDIMENTOS

1. Foi localizado um terreno nivelado na estação VES e a matriz schlumberger foi utilizada para o presente estudo.

2. Os quatro eléctrodos foram posicionados simetricamente ao longo de uma linha reta, ou seja, os eléctrodos de corrente (C1 e C2) no exterior e os eléctrodos de potencial (P1 e P2), que são também os eléctrodos interiores, situados entre C1 e C2.

3. O terrómetro foi alimentado por uma fonte de corrente contínua e foram feitos outros ajustes no terrómetro, tais como: definir o número de círculos para 4, leitura automática de valores em ohms e envio de uma corrente de 50mA para o solo.

4. Para alterar a gama de profundidade de penetração, os eléctrodos de corrente foram deslocados para fora, enquanto os eléctrodos de potencial permaneceram fixos.

5. Quando a relação entre a distância entre os eléctrodos de corrente e a distância entre os eléctrodos de potencial se torna demasiado grande, os eléctrodos de potencial são deslocados para fora, caso contrário a diferença de potencial torna-se demasiado pequena para ser medida com precisão suficiente.

6. A configuração utilizada é apresentada no quadro VES.
7. O espaçamento máximo entre eléctrodos de corrente (AB/2) foi de 100m e o terrametro foi utilizado para medir e registar a resistência da subsuperfície.
8. Os valores da resistência obtidos no campo foram multiplicados pelo respetivo fator geométrico (k), o que permitiu obter os resultados necessários da resistividade aparente.
9. Os dados necessários foram traçados numa folha de gráfico log-log e a curva resultante foi interpretada quantitativamente.
10. O GPS foi utilizado para localizar a longitude e a latitude de cada estação VES.
11. Estes passos foram repetidos em VES subsequentes
12. A auscultação foi efectuada em 11/06/2015

3.2 CÁLCULO

Os dados foram calculados utilizando a equação seguinte. Para o cálculo do fator geométrico (G), foram utilizadas as seguintes fórmulas

$$G = \left\{ \frac{\left(\frac{AB}{2}\right)^2 - \left(\frac{MN}{2}\right)^2}{\left(\frac{MN}{2}\right)^2} \right\} \pi$$

AB é a distância (m) entre os dois eléctrodos de corrente
A distância do ponto médio ao elétrodo A e a distância entre os eléctrodos B é a AB.
MN é o potencial dos eléctrodos
Eléctrodos MN espaçamento entre MN a partir do ponto médio
O ponto médio é um ponto constante para o elétrodo de corrente e para os eléctrodos de potencial.
II é uma constante= 3,142
A resistividade aparente é calculada através da lei de ohms
Resistividade aparente = Leitura da resistência x constante geométrica

3.3 CONCEITOS BÁSICOS DE HIDROGEOLOGIA

Formação do ambiente das águas subterrâneas: A ocorrência e o movimento das águas subterrâneas dependem das características da subsuperfície, como a litologia, a textura e a estrutura. As diferentes formações são classificadas nos seguintes tipos, dependendo da sua permeabilidade relativa. Aquífero Um aquífero é uma formação natural que contém uma quantidade suficiente de água e material permeável para produzir uma quantidade significativa de água em poços ou nascentes. As formações rochosas que servem de aquíferos são o cascalho, a areia, o granito fracturado, etc. Os aquíferos podem ser classificados em aquíferos confinados, não confinados, empoleirados e com fugas. Aquiclude esta formação é capaz de absorver água lentamente, mas não é capaz de a transmitir com rapidez suficiente para fornecer água suficiente a um poço. Estas formações confinantes são rochas cristalinas, argilas e xistos. Os aquitardes têm permeabilidade insuficiente para atuar como aquífero, mas podem servir de fonte ou de intercâmbio entre aquíferos vizinhos, sendo geralmente siltes ou xistos.

Classificação das águas subterrâneas: As águas subterrâneas são classificadas em diferentes grupos, dependendo da sua ocorrência física no solo. Podem ser identificadas duas camadas: a camada saturada, onde os poros estão completamente cheios de água, e a camada não saturada, onde os espaços vazios contêm uma mistura de água, humidade e ar. A camada não saturada pode ser dividida em três grupos diferentes. A camada superior é a camada de humidade do solo, a camada intermédia e a camada capilar, que é essencial para as plantas e cuja espessura varia em função do tipo de solo e do clima. O movimento da água pode ser ascendente ou descendente, consoante a gravidade. A camada intermédia é a segunda zona e aqui a água é retida devido à força intermolecular contra a força da gravidade. A camada capilar é a terceira zona e está localizada acima do lençol freático e a água aqui é retida pelas forças de capilaridade que actuam contra a gravidade.

Propriedades hidráulicas das rochas: As propriedades hidráulicas da rocha são importantes porque demonstram os atributos de armazenamento e transmissão do aquífero. A porosidade (n) é uma medida dos espaços vazios na formação rochosa. É definida como o rácio entre os volumes dos poros e os da rocha, ou seja, o volume dos poros e o volume total. A porosidade é de dois tipos. A porosidade primária é determinada a partir da formação rochosa e a porosidade secundária é desenvolvida através da meteorização.

3.4 CONDUTIVIDADE HIDRÁULICA E PERMEABILIDADE CONDUTIVIDADE HIDRÁULICA (K)

É uma medida da capacidade de uma formação rochosa transmitir água ou da capacidade de um material deixar fluir uma corrente de água através dela, quando é aplicada uma pressão hidráulica. Depende tanto das propriedades do meio como do fluido, o que torna a sua utilização bastante complicada. Um conceito mais racional é o de permeabilidade (k), que não tem em consideração as propriedades dos fluidos (A permeabilidade está ligada não só ao volume de água disponível, mas também à dimensão dos poros. Permeabilidade = [água disponível na secção de amostra] / Gradiente hidráulico Gradiente hidráulico - Ah/Afigura

3.5 TRANSMISSIVIDADE

Este parâmetro caracteriza a capacidade do aquífero para transmitir água. É definido como a taxa de fluxo de água a um gradiente hidráulico unitário através de uma área de secção transversal libertada do armazenamento à medida que a altura média dentro desta coluna diminui numa distância unitária ou a transmissividade de uma camada aquífera é o produto da permeabilidade pela sua espessura. Transmissividade = Permeabilidade X Espessura. É expressa em m2/s

- Armazenamento: A capacidade de um aquífero armazenar água é designada por armazenamento. É definida como o volume de água com uma coluna vertical, se o aquífero de área transversal unitária liberta do armazenamento à medida que a altura manométrica média dentro desta coluna diminui numa distância unitária.

Aplicações de recursos hídricos subterrâneos: As águas subterrâneas podem ser localizadas indiretamente através de dados de deteção remota. Uma vez que a radiação EM penetra apenas alguns milímetros no solo na região visível e alguns metros na região de micro-ondas, os indicadores na superfície, como diferentes fenómenos geológicos, hidrológicos e de vegetação, podem ajudar a localizar e a aproximar a quantidade de águas subterrâneas. Os diferentes tipos de indicadores de águas subterrâneas podem ser divididos em dois grupos diferentes

(1) Indicadores directos

(2) Indicadores indirectos

1. Os indicadores directos: estão diretamente relacionados com os estabelecimentos de águas subterrâneas, ou seja, zonas de recarga, zonas de descarga, humidade do solo e vegetação.

2. Indicadores indirectos: podem ser diferentes tipos de rocha e de solo, estruturas incluindo zonas de fratura, formas de relevo e características de drenagem. Características associadas a zonas de recarga/descarga As massas de água superficiais como lagos, lagoas, rios, riachos, etc. são indicadores de zonas de recarga/descarga. O infravermelho próximo, o infravermelho térmico e as micro-ondas são altamente sensíveis à humidade superficial. Uma vez que as zonas de descarga têm lençóis freáticos pouco profundos e reflectância inferior à das zonas de recarga, as zonas de descarga e de recarga podem ser separadas. Mesmo a forma da massa de água pode determinar se se trata de uma zona de recarga ou de descarga. Dependendo do facto de um rio ficar mais fino ou mais grosso a jusante, está evidentemente a perder ou a enriquecer em água e pode, portanto, ser classificado como zona de recarga ou de descarga. Outros indicadores das zonas de descarga são a humidade superficial, a divergência da vegetação e a temperatura.

Humidade do solo: A intensidade da humidade do solo pode ser facilmente detectada em todo o espetro EM. Na banda pancromática, um elevado teor de humidade aparece como tons fotográficos mais escuros. A humidade também pode ser facilmente detectada no NIR e no infravermelho termal, onde as áreas húmidas parecem mais frias devido à evaporação, ou seja, mais escuras, do que as partes mais secas. Para além da humidade, existem dois outros factores que podem reduzir a reflectância do solo, ou seja, a rugosidade da superfície e a matéria orgânica. A vegetação pode ser uma indicação direta das águas subterrâneas. A vegetação exuberante associada a lineamentos pode ser um sinal de possíveis fracturas na rocha, com maior porosidade e permeabilidade, o que permite que os sistemas radiculares se desenvolvam mais facilmente e que a água seja armazenada. Alguns tipos de vegetação são melhores indicadores do que outros. As plantas que são utilizadas para fins agrícolas podem ser irrigadas e, por conseguinte, são maus indicadores. Em geral, a vegetação freatófita refere-se a um lençol freático pouco profundo, enquanto as plantas xerófitas indicam condições áridas e secas. A vegetação absorve fortemente a energia nas curvas de comprimento de onda 0, 45-0, 67 um, que são as curvas de absorção da clorofila. O que os nossos olhos consideram como vegetação saudável é uma cor verde forte, o que significa uma forte absorção do azul e do vermelho e uma elevada reflectância do verde.

3.6 LEVANTAMENTOS DE RESISTIVIDADE

Os levantamentos de resistividade podem assumir diferentes formas de disposição dos eléctrodos de corrente e de potencial. Na maioria dos casos, existem sempre dois (2) eléctrodos de corrente e dois (2) eléctrodos de potencial. Normalmente, os eléctrodos de

potencial são colocados entre os eléctrodos de corrente. Neste estudo, é considerada a configuração Schlumberger. Na configuração Schlumberger, o espaçamento entre os eléctrodos de potencial "a" é fixo e é inferior à separação entre os eléctrodos de corrente "L", que é progressivamente aumentada durante o levantamento. A resistividade aparente é, no entanto, na maioria dos casos, L2 "a2, pelo que pa= constante geométricaxresistividade(p)
O que é realmente medido na equação acima é a resistividade aparente pa e, tal como implica, depende do modo de espaçamento dos eléctrodos. A equação também implica que, quando o solo é uniforme, a resistividade deve ser constante e não dependerá da localização da superfície ou do espaçamento dos eléctrodos. Geralmente, os eléctrodos de potencial são colocados entre os dois eléctrodos de corrente.

CAPÍTULO 4

4.1 RESULTADO E INTERPRETAÇÃO

4.2 RESULTADO

TABLE 4.1 SONDAGEM ELÉCTRICA VERTICAL (VES 2) NO CENTRO DE SAÚDE PRIMÁRIO DE MAGORO

Identificação do trabalho: Água N12^0 27.212, E004^0 .14.104

LOCALIZAÇÃO: MAGORO PHCELEVATION: 748

L. G. A: FAKAI DATA: 11/06/2015

ESTADO: KEBBI

INSTRUMENTO: TERRAMÉTRICA N.o VES 2

ELECTRODE SPACING IN METERS		RESISTIVITY READINGS IN OHMS	CALCULATED APPARENT RESISTIVITY IN OHMS M.	GEOMETRIC FACTOR	REMARKS
AB/2	MN/2				
1	0.5	192.6	455	2.36	
1.5		71.20	447	6.28	
2		35.90	423	11.77	
3		12.90	290	22.47	
4.5		4.558	286	62.80	
4.5	1.5	17.04	321	18.84	
7		3.933	192	48.93	
10		1.169	120	102.4	
15		0.311	73	233.14	
22		0.101	51	504.23	
32		0.056	60	1069.43	
47		0.017	39	2309.73	
47	5	0.095	65	685.78	
70		0.044	69	1530.75	
100				3132.5	
100	15			1023.12	
150				1484.6	

TABLE 4.2 SONDAGEM ELÉCTRICA VERTICAL (VES 1) NO BYE-PASS DA POLITÉCNICA FEDERAL DE BIRNIN KEBBI

IDENTIFICAÇÃO DO POSTO DE TRABALHO: WATERN11^0 22.157, E006^0 .19.134

LOCALIZAÇÃO: FEDERAL POLYTECHNIQUE AO LONGO DO BYEPASS

L. G. A: BIRNIN KEBBI ALTITUDE: 556

ESTADO: KEBBIDATE: 11/06/2015

INSTRUMENTO: TERRAMÉTRICO DE SONDAGEM N.º VES 1

ELECTRODE SPACING IN METERS		RESISTIVITY READINGS IN OHMS	CALCULATED APPARENT RESISTIVITY IN OHMS M.	GEOMETRIC FACTOR	REMARKS
AB/2	MN/2				
1	0.5	154.7	371.28	2.4	
1.5	0.5	86.9	521.4	6.0	

2	0.5	62.2	746.4	12.0	
3	0.5	37.5	1012.5	27.0	
5	0.5	20.4	1591.2	78	
5	1	40.4	1535.2	38.0	
7	1	25.3	1897.5	75	
10	1	13.07	2038.9	156.0	
10	3	46.7	2241.6	48.0	
15	3	18.17	2053.2	113.0	
20	3	8.82	1808.1	205.0	
25	3	4.63	1495.5	323	
30	3	2.50	1167.5	467	
30	10	5.90	743.4	126	
35	10	4.65	823.05	177	
40	10	2.31	545.2	236	
50	10	3.35	1262.95	377	
60	10	2.54	1397.0	550	
70	10	7.83	5903.82	754	
80	10	3.08	3049.2	990	
90	10	3.48	4374.36	1257	
100	10	3.52	5473.6	1555	

Figure 4 4.2 GRÁFICOS

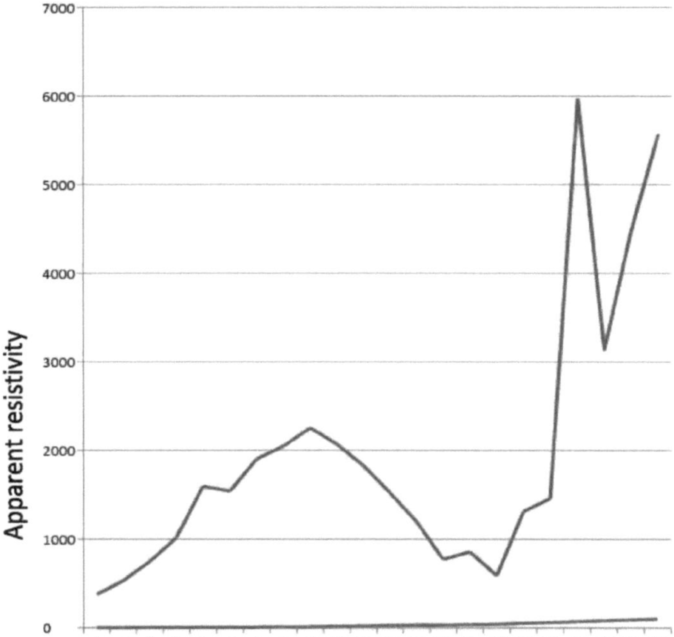

Espaçamento entre eléctrodos de corrente AB/2

Figure 4.1 Gráfico da resistividade aparente versus espaçamento entre eléctrodos

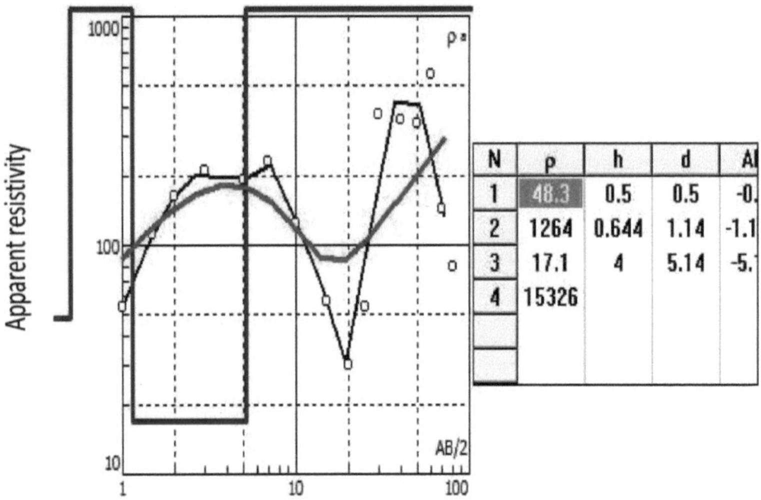

Espaçamento entre eléctrodos de corrente AB/2

Figure 4.2 Gráfico da resistividade aparente versus espaçamento entre eléctrodos: Fonte (Software IPI2WIN)

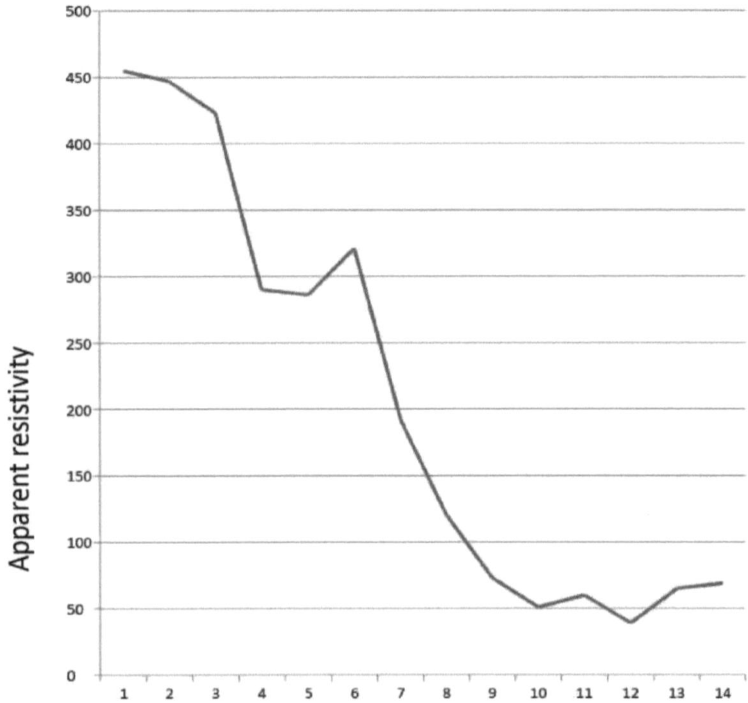

Espaçamento entre eléctrodos de corrente AB/2

Figure 4.3 Gráfico da resistividade aparente versus espaçamento entre eléctrodos

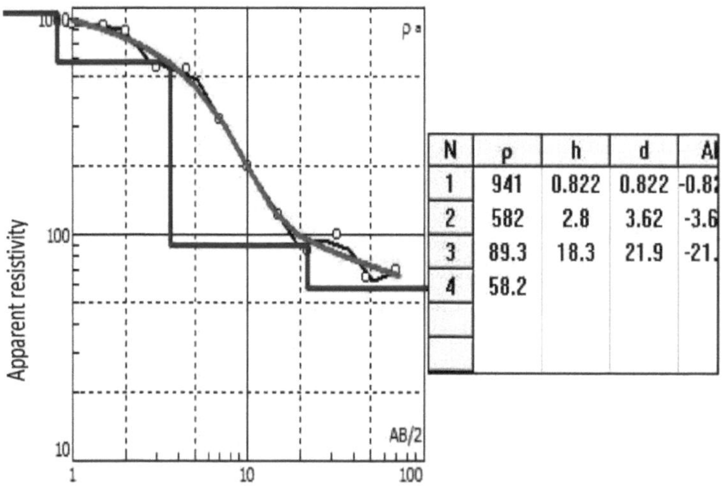

Espaçamento entre eléctrodos de corrente AB/2

Figure 4.4 Gráfico da resistividade aparente versus espaçamento entre eléctrodos: Fonte (Software IPI2WIN)

4.3 INTERPRETAÇÃO

O primeiro passo na interpretação de um levantamento de sondagem de resistividade é traçar na folha de registo um gráfico da resistividade aparente contra o espaçamento atual dos eléctrodos (AB/2). A interpretação de um estudo de sondagem de resistividade consiste em classificar as curvas de resistividade aparente observadas em tipos. Esta classificação baseia-se nas formas das curvas, mas ao mesmo tempo está relacionada com a situação geológica na subsuperfície. A forma da curva VES depende do número de camadas na subsuperfície e da espessura de cada camada.

VES 1

GEOELECTRIC LAYERS	DEPTH (METERS)	RESISTIVITY VALUES (OHM-METER)	EXPECTED FORMATION
1	0.5	48.3	Top soil mainly sand clay
2	1.14	1264	Clay stone
3	5.14	17.1	Limestone
4		15326	Sand/sand stone

VES 2

GEOELECTRIC LAYERS	DEPTH (METERS)	RESISTIVITY VALUES (OHM-METER)	EXPECTED FORMATION
1	0.822	941	Top soil lateritic clay
2	3.62	582	Schist stone (weathered)
3	21.9	89.3	Weathered to fracture rock (granite)
4		58.2	Highly fracture basement rock (granite)

De seguida, apresentam-se os resultados interpretados utilizando o software IPI2WIN nos dois perfis VES, sendo ainda indicadas as diferentes camadas esperadas: O VES1 contém quatro camadas geológicas, cada uma com o seu valor de resistividade correspondente, bem como a sua profundidade. A camada 1 tem o valor de resistividade de 48,3Q à profundidade de 0,5 metros, a camada 2 tem o valor de resistividade de 1264Q à profundidade de 1,14 metros, a camada 3 tem o valor de resistividade de 17,1 Q à profundidade de 5,14 metros, finalmente a camada 4 tem apenas a resistividade de 15326Q.O VES 2 contém também quatro camadas geológicas, cada uma com o seu valor de resistividade correspondente, bem como a sua profundidade. A camada 1 tem o valor de resistividade de 94IQ à profundidade de 0,822 metros, a camada 2 o valor de resistividade de 582Q à profundidade de 3,62 metros, a camada 3 tem o valor de resistividade de 89,3Q à profundidade de 21,9 metros, finalmente a camada 4 tem apenas a resistividade de 58,2Q.

4.4 DISCUSSÃO

A interpretação dos dados de resistividade de campo é feita em termos de resistividades e de profundidade do leito rochoso e das interfaces através das quais existe uma forte anomalia eléctrica. A análise e a interpretação dos dados recolhidos mostram a presença de multicamadas na formação sedimentar, com um máximo de quatro camadas geoeléctricas, que consistem principalmente em várias formas de argila e areia, e também foi delineado um máximo de quatro camadas geoeléctricas sob o terreno complexo do subsolo. Estas camadas são: (i) Solo superior que consiste em areia argilosa e argila laterítica (ii) A segunda é o subsolo fresco/ altamente resistivo. O subsolo fresco é caracterizado por um valor de resistividade elevado e infinito e não pode ser utilizado para a obtenção de água subterrânea, (iii) a zona meteorológica que consiste em xisto decomposto, (iv) o subsolo fracturado que tem um valor de resistividade mais baixo constitui uma boa zona de água e xisto ou granito altamente decomposto. Os valores e intervalos de resistividade para cada uma das formações mencionadas são apresentados nos quadros acima.

O perfil (VES 1) mostra um potencial corpo de água subterrâneo a uma profundidade após 5,14 metros do topo da superfície do solo. Enquanto que o segundo perfil (VES 2) indica um potencial corpo de água subterrâneo a 21,9 metros de profundidade abaixo da superfície do solo.

No entanto, o segundo lugar no concurso da Polytechnique federal não tem provas concretas da pressão da água subterrânea, para além da inferência geológica geral de rochas subterrâneas fracturadas.

CAPÍTULO 5

CONCLUSÃO E RECOMENDAÇÃO

5. CONCLUSÃO

O método de investigação adotado neste estudo ajudou na identificação das unidades aquíferas e forneceu uma compreensão da dimensão do aquífero, especialmente a espessura do subsolo intemperizado, a profundidade do leito rochoso e as zonas fracturadas que são necessárias para a localização de pontos com elevado potencial para a ocorrência de águas subterrâneas. O levantamento da investigação geofísica e a geologia local da área de estudo revelam que os parâmetros geoeléctricos estabelecidos através da análise computorizada indicam que os pontos de sondagem são hidro logicamente prolíficos, especialmente no VES 2.G.A é pequena e só pode acomodar aquíferos pouco profundos, o que mostra que a área tem um fraco potencial de água subterrânea, mas o VES 2 na parte de fakai L.G.A tem uma camada muito espessa de subsolo fracturado/intemperizado e, portanto, promete uma boa quantidade de fonte de água subterrânea. O estado das águas subterrâneas nas áreas de estudo mostra que a água pode ser observada na região do subsolo intemperizado/fracturado que foi delineado.

5.1 RECOMENDAÇÃO:

A investigação servirá como uma via para atualizar a base de dados de águas subterrâneas da área de estudo para aqueles cuja responsabilidade é o fornecimento de água potável segura a toda a população da área. Também ajudará no planeamento de práticas agrícolas, aconselhando os agricultores a escolher as culturas adequadas a serem cultivadas na área de estudo.

REFERÊNCIAS

1. Telford, W. M., Geldart, L. P., Sheriff, R. E. e Keys, D. A. 1976. Applied Geophysics Cambridge University Press
2. Parasnis, D. S. 1996, Principles of Applied Geophysics. Chapman and Hall 275 pp.
3. Dobrin, M. B. 1976. Introduction to geophysical Prospecting. Nova Iorque, McGraw-Hill, p. 630.
4. Grant, F. S. e West, G. F. 1965. Interpretation Theory in Applied Geophysics McGraw-Hill, New York.
5. Ward, S. H., Ed., Geotechnical and environmental geophysics, 02: Society of Exploration Geophysicists, 107-112.
6. Fetter, C. W. 1980. Applied Hydrogeology. Merrill, Columbus, Ohio.
7. Wright, E. P. e Burgess, W. G. 1992. The Hydrogeology of Crystalline Basement Aquifers in Africa. Publicação Especial da Sociedade Geológica No. 66. Londres.
8. Van Dongen, P. e Woodhouse, M., 1994. Finding Groundwater: a Project Manager's Guide to Techniques and How to use them. Relatório Técnico, UNDP World bank Water and Sanitation Program, Banco Mundial, Washington DC.
9. Macdonald, A; Davies, J; Calow, R. e Chilton, J. (2001). Developing Groundwater: A

guide for Rural Water Supply. ITDG Publishing, Warwickshire CV23 9QZ, UK.PP241-279.

10. Dobecki, T. L. e Romig, P. R., 1985, Geotechnical and groundwater geophysics: Geophysics, 50, no.12, 2621-2636.

11. Darracott, B. W. e McCann, D. M. (1986). Planning Engineering Geophysical Surveys. in Hawkins, A.B. (ed) Site Investigation Practice: Assessing BS5930, Geological Society Engineering Geology Special Publications no. 2, pp. 85-90.

12. Mace, R. E; Smyth, R. C; Liying, X; e Liang, J. (1999). Transmissividade, Condutividade Hidráulica, e Estratividade do Aquífero Carrizo-Wilcox no Texas. Projeto de relatório técnico. Gabinete de Geologia Económica, Universidade do Texas em Austin, Texas 78713-8924: pp. 2-24.

13. Jean-Claude, R. (1995). A evolução da qualidade das águas subterrâneas em França: perspectivas de utilização duradoura para consumo humano. The Science of the Total Environment Journal 171 (1995). Pp 3-16.

14. Mazac, O., Benes, L., Landa, I. e Maskova, A., 1985, Determinação da extensão da contaminação por petróleo em águas subterrâneas através de métodos geoeléctricos.

1 5.Babu, H. V. R., Rao, N. K. e Kumar, V. V., 1991, Bedrock topography from magnetic anomalies -An aid for groundwater exploration in hard-rock terrains (short note): Geophysics, 56, no. 07, 1051-1054.

16 Aubert, M. Camus, G. and Fournier, C., 1984, Resistivity and magnetic surveys in groundwater prospecting in volcanic areas - Case-history Maar de BeaunitPuy de Dome France: Geofísica. Props. 32, no. 04, 554-563.

17 Yuhr L., Benson R., e Butler D. 1993. Characterization of Karst Features Using Electromagnetics and Microgravity: A Strategic Approach. Simpósio sobre a Aplicação da Geofísica a Problemas Ambientais e de Engenharia, pp. 209

18 Lennox, D. H. e Carlson, V. 1967. Geophysical Exploration for Buried Valleys in an Area North of Two Hills, Alberta. Geophysics, v. 32, p. 331362.

19 Van Overmeeren R.A. 1980. Facies de radar de sedimentos não consolidados nos Países Baixos: Um método de interpretação estratigráfica por radar para hidrogeologia. Journal of Applied Geophysics, vol. 40, no.1-3, pp.1-18.

20 Allis, R. G. e Hunt, T. M. (1986). Analysis of Exploitation-induced Gravity Changes at Wairakei Geothermal Field, Geophysics, v. 51, pp. 1647-1660.

21 Van Overmeeren, R. A., 1975, uma combinação de medições de gravidade e refração sísmica aplicada a explorações de águas subterrâneas perto da província de Taltal de Antofagasta Chile *: Geophysical Prospecting, 23, no.02, 248258. (* Comentários em GPR-23-04-0799-0799)

22 Van Overmeeren, R. A., 1981, uma combinação de resistividade eléctrica, refração sísmica e medições da gravidade para a exploração de águas subterrâneas no Sudão: Geophysics, 46, no. 09, 1304-1315.

23 Flathe, H. 1955. Possibilidades e Limitações na Aplicação de Métodos Geoeléctricos a Problemas Hidro-geológicos nas Áreas Costeiras do Noroeste da Alemanha. Geophysical Prospecting, vol. 3, pp. 95-110.

24 Zohdy, A. A. R., Eaton, G. P. e Mabey, D. R. 1974. Application of Surface Geophysics to Ground Water Investigation (Aplicação da Geofísica de Superfície à Investigação de Águas Subterrâneas). U. S. G. S. Techniques of Water-Resource Investigation, Book 2.
25 Van Overmeeren R.A. 1989. Limites de aquíferos explorados por medições geoeléctricas na planície costeira do Iémen: um caso de equivalência. Geofísica 54, no.1, pp. 38-48.
26 Beeson, S e Jones, C. R. C. (1988). The Combined EMT/VES Geophysical Method for Sitting Boreholes. Ground Water, vol. 26, No. 1, pp. 54-63.
27 Olayinka, A. e Barker, R. 1990. Borehole Sitting in Crystalline Basement Areas of Nigeria with a Microprocessor Controlled Resistivity Traversing System. Groundwater, vol. 28, pp. 178-183.
28 Hazell, J. R. T., Cratchley, C. R. e Preston, A. M. 1988. The Location of Aquifers in Crystalline Rock sand Alluvium in Northern Nigeria using Combined Electromagnetic and Resistivity Techniques. Quarterly Journal of Engineering Geology, vol. 21, pp. 159-175.
29 Barker, R. D. White, C. C. e Houston, J. F. T., (1992). Localização de furos num projeto africano acelerado de combate à seca. In: E. P. Wight and W. G. Burgess, (eds), The Hydrogeology of Crystalline Basement Aquifers in Africa. Publicação Especial da Sociedade Geológica, Nº 66, pp. 183-201.
30 Carruthers, R. M. e Smith, I. F. (1992). A utilização de métodos eléctricos no solo para a localização de furos de abastecimento de água em terrenos subterrâneos cristalinos pouco profundos. In: E. P. Wight e W. G. Burgess, (eds), The Hydrogeology of Crystalline Basement Aquifers in Africa. Publicação Especial da Sociedade Geológica, Nº 66, pp. 203-220. 203-220.
31 Wurmstich, B. and Morgan, F. D., 1994, Similarities in modeling groundwater flow and DC resistivity: Resumos da Reunião Anual, Sociedade de Geofísicos de Exploração, 578-579.
32 Yang, C. and Lee, W., 1998, Using resistivity sounding and geo-statistics to aid in hydro-geological studies in the Choshuichi alluvial fan, Taiwan: Resumos da Reunião Anual, Sociedade de Geofísicos de Exploração, 832-835.
33 Yang, C., Tong, L. e Jeng, L., 1994, localização de águas subterrâneas em locais seleccionados por métodos geoeléctricos: Resumos da Reunião Anual, Sociedade de Geofísicos de Exploração, 652-654.
34 Sauck, W.A., e Zabik, S.M. 1992. Geophysics for Glacial/Unconsolidated Deposits Azimuthal Resistivity Techniques and the Directional Variations of Hydraulic Conductivity in Glacial Sediments, Simpósio sobre a Aplicação da Geofísica a Problemas Ambientais e de Engenharia, pp. 197-
35 Marin, L.E., Steinich, B., Jaglowski, D. e Barcelona, M.J. 1998. Caracterização de sítios hidrogeológicos utilizando levantamentos de resistividade azimutal pp. 179.
36 Sorensen, K. I. 1996. Investigações Hidrogeofísicas Regionais Detalhadas - o Caso Solbjerg. Simpósio sobre a Aplicação da Geofísica a Problemas de Engenharia e

Ambientais, pp. 343-351.
37 Moller, I., Sorensen, K., e Christensen, N. 1998. DC -Resistivity MultiElectrode Profiling in Hydro-geological Investigations: A Comparative Study of the Pulled-Array Continuous Electrical Sounding Method and a Multi-Electrode Method with Fixed Electrodes. Simpósio sobre a Aplicação da Geofísica a Problemas Ambientais e de Engenharia, pp.869-874.
38 Christensen, N. B. e Sorensen, K. I. (1998). Métodos Eléctricos e Electromagnéticos de Superfície e de Furo para Investigações Hidrogeológicas. European Journal of Environmental and Engineering Geophysics, vol. 3. p. 75-90.
39 Young, M. E., de Bruijn, R. G. M. e Al-Ismaily, A. S. 1998. Exploration of an Alluvial Aquifer in Oman by time-domain Electromagnetic Sounding. Hydrogeology Journal v. 6, pp. 383-393.
40 Barker, R. D., 1981, Investigation of groundwater salinity by geophysical methods, in Ward, S. H., Ed., Geotechnical and environmental geophysics, 02: Society of Exploration Geophysicists, 201-211.
41 Zonge, K. L., Figgins, S. J. e Hughes, L. J., 1985, Use of electrical geophysics to detect sources of groundwater contamination: Resumos da Reunião Anual, Sociedade de Geofísicos de Exploração, Sessão: ENG1.7.
42 Bartel, L. C., (1986), Estudos de modelos eléctricos e electromagnéticos aplicados a problemas de águas subterrâneas: Resumos da Reunião Anual, Sociedade de Geofísicos de Exploração, Sessão: ENG2.3.
43 Buselli, G., Barber, C. e Zerilli, A., (1988). O mapeamento da contaminação das águas subterrâneas com métodos TEM e DC: ASEG 13th Geophysical Conference, Australian Society of Exploration Geophysicists, 19,240-243.
44 Hazell, J. R. T., Cratchley, C. R. e Jones, C. R. C. 1992. The hydrogeology of Crystalline Aquifers in Northern Nigeria and Geophysical Techniques used in their Exploration. In: E. P. Wight e W. G. Burgess, (eds), The Hydrogeology of Crystalline Basement Aquifers in Africa. Publicação Especial da Sociedade Geológica, Nº 66, pp. 155-182.
45 Saksa, P. e Paananen, M., 1992, Estudo de caso: Mapeamento das condições das águas subterrâneas no sítio de Olkiluoto com sondagens eléctricas e electromagnéticas: 61st Mtg. Eur. Assoc. Exploration Geophysics, Extended Abstracts, European Association of Geophysical Exploration, pp. 694-695.
46 Yadav, G.S. e Abolfazli, H. 1998. Geoelectrical soundings and their relationship to hydraulic parameters in semiarid regions of Jalore, northwestern India. Journal of Applied Geophysics 39, no.1, pp.35-51.
47 Kalinski, R. J., William, E. K. e Bogordi, I. 1993. Combined Use of Geoelectrical Sounding and Profiling to Quantify Aquifer Protection Properties. Ground Water, vol. 31, no. 4,, pp. 538-544.
48 McNeill, J. D. e Labson, V. F. 1991. Geological Mapping using VLF Radio fields. Em Nabighian, M. C. (e.d), Geotechnical and Environmental Geophysics, vol. 1, Review and Tutorial. Tulsa: Society of Exploration Geophysicists, pp. 191-218.

49 Covel C.L., Kaymen D.T., Phillips I.M., e Harrison J.C. (1996). Frequência muito baixa (VLF) Dannowski, G. e Yaramanci, U. 1999. Estimation of water content and porosity using combined radar and Geoelectrical measurements. European Journal of Environmental and Engineering Geophysics 4, no.1, pp. 71-85.
50 Benson, A. K., Payne, K. L. e Stubben, M. A. (1997). Mapeamento da contaminação de águas subterrâneas usando resistividade DC e métodos geofísicos VLF - Um estudo de caso: Geophysics, 62, no. 01, 80-86.
51 Michaud, S.C., e Covel, C.A., 1998. A aplicação de técnicas eletromagnéticas de frequência muito baixa e geofísicas de fundo de poço a um estudo hidrogeológico da ilha: Formação de Rhode Island, Bacia de Narragansett pp.333.
52 Kaufman, A. A. e Keller, G. V. 1997 Frequency and Transient Soundings. Elsevier Science Publications.
53 McNeill, J. D. 1980. Electrical Conductivity of Soils and Rocks (Condutividade eléctrica de solos e rochas). Geonics Ltd. Relatório, TN5, 21 pp.
54 Richards, R.T., Troester, J.W., e Martinez, M.I. 1995. A Comparison of Electromagnetic Techniques Used in a Reconnaissance of the Ground-Water Resources under the Coastal Plain of Isla de Mona, Puerto Rico. Simpósio sobre a Aplicação de Problemas Ambientais e de Engenharia da Geofísica, pp.251-259.
55 Godio, A., Chiara, P. Gaill, C. C. e Naldi, M. 1998. A Combined Geophysical Survey for Hydro-geological Purposes in North-Eastern Italy. Actas da IV Reunião da Sociedade de Geofísica Ambiental e de Engenharia, pp. 209-212.
56 Van Lissa, R. V., van Maanen, H. R. J. e Odera F. W. 1987The Use of Remote Sensing and Geophysics for Groundwater Exploration in Nyanza Province - Kenya. Apresentado na Conferência Africana de Tecnologia da Água, Nairobi, Quénia, fevereiro de 1987.
57 Edet, A. E. 1990. Aplicações de técnicas foto-geológicas e electromagnéticas à exploração de águas subterrâneas no noroeste da Nigéria. Jornal de Ciências da Terra em África, Vol. 11, No3/4, pp. 321-328.
58 Taylor Jr., K., Chesley, M.M., Matanawi, K., e Minor, T. 1997. Aplicação de métodos electromagnéticos para localizar locais de poços de água pouco profundos num aquífero fracturado pp. 473
59 McNeill, J. D. 1990. Utilização de Métodos Electromagnéticos para Estudos de Águas Subterrâneas. In: Ward, S. H. (Ed.).Geotechnical and Environmental Geophysics, vol. 1: Review and Tutorial, Society of Exploration Geophysicists Investigations No.5, 107-112.
60 Stewart, M. T. 1982. Evaluation for Electromagnetic Methods for Rapid Mapping of Salt-water Interfaces in Coastal Aquifers. Ground Water v. 20, no. 5, pp. 538-545.
61 Goldstein, N. E., Benson, S. M. e Alumbaugh, D. 1990. Mapeamento de plumas de águas subterrâneas salinas com eletromagnético. Geofísica Geotécnica e Ambiental. vol. 2: Ambiental e Águas Subterrâneas. Sociedade para Geofísica de Exploração. pp. 17-26.
62 Fitterman, D. V. e Stewart, M. T. 1986, Transient Electromagnetic Sounding for

Groundwater, Geophysics, vol. 51, no. 4, pp. 995-1005.
63 Hoekstra, P. e Evans, L. E. 1986. Transient Electromagnetic (TDEM) Soundings for mapping the Interface between Freshwater and Saline water in Coastal Aquifers. Hydrological Science and Technology: Short Papers, v. 2, no. 3, pp. 17-26.
64 Mills, T. Hoekstra, P. Blohm, M e Evans, L. 1988. Time Domain Electromagnetic Soundings for Mapping Seawater Intrusion in Monterey County, CA. Ground Water, v. 26, pp. 771-782.
65 Hoekstra, P. e Blohm, M. 1990. Casos Históricos de Sondagens Electromagnéticas no Domínio do Tempo. In: Ward,S. H. (Ed.), Geotecnical and Environmental Geophysics, vol. 2: Environmental and Groundwater, SEG Investigations in Geophysics, no. 5.
66 Miamone, M. Keil, D. Lahit, R. e Hoeskstra, P. 1989. Geophysical Surveys for Mapping Boundaries of Freshwater and Salty waters in Southern Nassau County, Long Island, NY. Terceira Conferência Nacional de Ação ao Ar Livre sobre a Restauração de Aquíferos. Ground Water Monitoring and Geophysical Methods (Monitorização das águas subterrâneas e métodos geofísicos).
67 Hoekstra, P., Hild, J., e Toth, D. 1992. Time Domain Electromagnetic Measurements to Determine Water Quality in the Florida Aquifer. Sageep, pp. 111-119
68 Wolfe, P.J., Richard, B.H., Sesslar, E.E., e Edlavitch, S., Título: Técnicas electromagnéticas no domínio do tempo para estudar os aquíferos do sul da Florida Ano:1999 Página:379
69 Jansen, J. Jurcek, P. e Voigt, J. 2000. Levantamento TEM para Mapear Água Subterrânea Salina no Aquífero Cambriano-Ordoviciano do Wisconsin Oriental. Simpósio sobre a Aplicação da Geofísica a Problemas de Engenharia e Ambientais, pp. 719-728.
70 Hild J.F., Blohm R.J., Lahti R.M., e Blohm M.W., Geophysical Surveys for Ground Water Exploration in Northern Guam Hild, J. F., Blohm, R. J., Lahti, R. M. e Blohm, M. W. 1996. Levantamentos Geofísicos para Exploração de Águas Subterrâneas no Norte de Guam. Simpósio sobre a Aplicação da Geofísica a Problemas de Engenharia e Ambientais, pp. 331-341.
71 Davis, S. N. e De Eiest, R. J. M. (1966). Ghyben-Herzberg Hydrostatic Conditions. Hydrogeology, v.pp.238-239.
72 Alwail, T.A. 1996. Mapeamento de Aquíferos Cársticos Superficiais pelo Método Eletromagnético. Sageep. , pp.1055-1071
73 Paillet, F., Hite, L. e Carlson, M. 1999. Integração da Geofísica de Superfície e de Furos em Estudos de Águas Subterrâneas - Um Exemplo Utilizando a Geofísica Electromagnética

Sondagens no Sul da Flórida Paine, J. C., Angle, E. S. e Petrossian, R. 2000. Identifying and Assessing Ground Water in the LowerRio Grande Valley, Texas, using Airborne Electromagnetic Induction. Sageep. pp. 8399.
74 Petersen, R., Hild, J., e Hoekstra, P. 1989. Geophysical Studies for the Exploration of Groundwater in the Basin and Range of Northern Nevada. Simpósio sobre a Aplicação de Problemas de Geofísica Ambiental e de Engenharia, pp.425-426

75 Taylor, K., Widmer. M. e Chesley. M. 1992. Uso do domínio do tempo eletromagnético para definir a hidrogeologia local em um ambiente aluvial árido. Geophysics, vol. 57, pp. 343-352.
76 Meju, M. A., Fontes, S. L. e Oliveira, M. F. B. 1993. Estudos conjuntos de viabilidade TEM/AMT na Bacia do Parnaíba, Brasil: Estratigrafia geoelétrica e avaliação de recursos hídricos subterrâneos no Estado do Piauí. 3° Congresso Internacional da Sociedade Brasileira de Geofísica, Rio de Janeiro, novembro de 1993. pp. 13731378.
77 Goldman, M. e Neubauer, F.M. (1994). Exploração de águas subterrâneas utilizando técnicas geofísicas integradas. Surveys in Geophysics 15, no.3, pp. 331361.
78 Shtivelman, V. e Goldman, M. 1998. Uma Aplicação Combinada de Sísmica de Reflexão de Alta Resolução e TDEM para o Estudo Detalhado do Aquífero Costeiro de Israel. Actas da IV Reunião da Sociedade de Geofísica Ambiental e de Engenharia.
79 Jackson, P., 1993, new developments in airborne electromagnetic: Preview, no. 44, 15-20.
80 Wynn, J., and Getting, M. An Airborne Electromagnetic (EM) Survey Used to Map the Upper San Pedro River Aquifer, Near Fort Huachuca in Southeastern Arizona.
81 Gamey T.J., Holladay J.S., Lewis R., and Abernathy D., Clay Thickness Mapping for Irrigation Canals Using Airborne Electromagnetic Geissler, P. E., 1996, Seismic reflection profiling for groundwater studies in Victoria, Australia:
82 Geofísica, 54, no. 01, 31-37.
83 Draskovits, P. Hobot, J. Vero, L. e Smith, B. D., 1990, Induced- polarization surveys applied to evaluation of groundwater resources, Pannonia basin, Hungary, em Ward, S. H., Ed., Induced polarization: Society Of Exploration Geophysicists, 379-396.
84 Ruhlow, A. Tezkan, B, e de Lima. 1990. Pesquisa de Resistividade SC e Polarização Induzida no Domínio do Tempo para o Estudo da Contaminação de Águas Subterrâneas na Bahia, Brasil. European Journal of Environmental and Engineering Geophysics, vol. 3, pp. 143-159.
85 Sandberg, S.K., Rogers, N.T., Karp, K.E., Good knight, C.S., e Spencer, L.F. 1998. IP e TEM para Discriminação e Resolução no Mapeamento da Contaminação das Águas Subterrâneas em Monument Valley. Simpósio sobre a Aplicação da Geofísica a Problemas Ambientais e de Engenharia, pp. 795-804.
86 Vozoff, K. 1986. Maneto -telluric Methods. Tulsa: Society of Exploration Geophysicists.
87 Zonge, K. L. e Hughes, L. H. 1991. Fonte controlada de magnetotelúricos de audiofrequência. Em Nabighian, M. C. (ed.), Electromagnetic Methods in Applied Geophysics, vol. 2: Applications, part B. Tulsa: Society of Exploration Geophysicists, pp. 713-809.
88 Giroux, B., Chouteau, M., Descloitres M. e Ritz, M. 1997. Utilização do método magnetotelúrico no estudo do aquífero profundo do Maestrichtian no Senegal. Journal of Applied Geophysics 38, no.2, pp. 77-96.
89 Nichols, E. A., Morrison, H. F. e Lee, S., 1994, Controlled-source magnetotellurics for groundwater: Annual Meeting Abstracts, Society of Exploration Geophysicists, pp.

553-554.

90 Ritz M., Descloitres, M., Robineau, B. e Courteaud, M. 1997. Prospeção áudio magnetotelúrica de águas subterrâneas na zona costeira de Baril, vulcão Piton de la Fournaise, Ilha da Reunião. Geofísica 62, no.3, pp. 758-762.

91 Haeni, F. P., 1988, Application of seismic refraction methods in groundwater modeling studies in New England: Geophysics, 51, no. 02, 236-249.

92 Wallace, D. E. 1970. Some Limitations of Seismic-refraction Methods in Geo-hydrological Surveys of Seep Alluvial Basins. Ground Water, v. 8, no. 6, pp. 8-13.

93 Visarion, Marius, Vajdea, Vasile, Stocica, Ion e Rosca, 1976. Características da Exploração Geofísica do Karst na Roménia. Geo physical, v. 20, pp. 89100.

94 Wachs, Daniel, Arad, Arnon e Olshina. 1979. Localização de águas subterrâneas na área de Santa Catherina usando métodos geofísicos. Ground Water, v. 17, no. 3, pp. 258-263.

95 Bates, C.R., Phillips, D., e Hild, J. (1992). Studies in P-Wave and S-Wave Seismic. Sageep, pp. 261-270

96 El-Behiry, M.G.1994. Refração sísmica e métodos electromagnéticos para mapear a camada confinante no centro de Nova Jersey. Sageep, pp. 953-961.

97 Duffin, G. L. e Elder, G. R. 1979. Variações no rendimento específico no afloramento da areia Carrizo no sul do Texas, estimadas pela refração sísmica. Relatório 229 do Departamento de Recursos Hídricos do Texas, pp61-70.

98 Van Vijl, J. S. V. e Huyssen, R. M. J. 1971. Some Aspects of Seismic- refraction Investigations for Water in Arid Zones of South Africa. Transactions of the Geological Society of South Africa, no. 74, pt. II, pp. 3343.

99 Haeni, F. P. 1986 Application of Seismic-refraction Techniques to Hydrologic Studies (Aplicação de Técnicas de Refração Sísmica a Estudos Hidrológicos). Livro 2, capítulo D2, Techniques of Water-Resources Investigations of the United States Geological Survey. TW1-D2.

100 . Holman, I.P., Hiscock, K. M. e Chroston, P. N. 1999. Crag Aquifer Characteristics and Water Balance for the Thurne Catchment, northeast Norfolk. Quarterly Journal of Engineering Geology, vol. 32,pp. 365-380.

101 . Woodward, D. 1994. Contribuições para o estudo de um aquífero pouco profundo através de secções sísmicas reprocessadas de estudos de exploração petrolífera, leste de Abu Dhabi, Emirados Árabes Unidos. Journal of Applied Geophysics31, no.1- 4, pp. 271-289.

102 . Knoll M.D., e Knight R. 1993. Mapping Hydro-geologic Properties Using Ground Penetrating Radar. Sageep, pp. 511-524

103 . Rea, J., e Knight, R. 1995. A Utilização do Radar de Penetração no Solo para a Caracterização de Aquíferos: An Example from Southwestern British Columbia. Simpósio sobre a Aplicação da Geofísica a Problemas Ambientais e de Engenharia, pp. 279-283

104 . Trenholm, N.M., e Bentley, L.R. 1998. The Use of GroundPenetrating Radar to Accurately Determine Water Table Depths. Simpósio sobre a Aplicação da Geofísica

a Problemas Ambientais e de Engenharia, pp. 829-838.

105 . Arcone, S. A., Lawson, D. E., Delaney, A. J., Strasser, J. C. e Strasser, J. D., 1998, Ground penetrating radar reflection profiling of groundwater and bedrock in an area of discontinuous permafrost: Geophysics, 63, no. 05, 1573-1584.

106 . Harari, Z. 1996. Ground-penetrating radar (GPR) for imaging stratigraphic features and groundwater in sand dunes. Journal of Applied Geophysics 36, no.1, pp. 43-52.

107 . Greenhouse, J.P., Brewster, Schneider, G., Redman, D., Annan, P., Olhoeft, G., Lucius, J., Sander, K. e Mazzella, A. 1992. Geophysics and Solvents: The Borden Experiment. Geophysics - The Leading Edge, vol. pp. 261-267.

108 . Clement, W.P., Knoll, M.D., Liberty, L.M., Donaldson, P.R., Michaels, P., Barrash, W., e Pelton, J.R. (1999). Levantamentos geofísicos no local de investigação hidrogeofísica de Boise para determinar os parâmetros geofísicos de um aquífero aluvial pouco profundo, pp. 399-412

109 . Saunders W.R., Wightman M., e Wind schauer R. 1993. Deteção de Hidrocarbonetos Subsuperficiais na Zona Vadosa com Radar de Penetração no Solo - Um Estudo de Caso. Simpósio sobre a Aplicação da Geofísica a Problemas Ambientais e de Engenharia, pp. 1

110 . Endres, A.L., Clement, W.P., e Rudolph, D.L. 1997. Monitorização de um Teste de Bombeamento num Aquífero Não Confinado com Radar de Penetração no Solo pp. 483

111 . Green, A., Pugin, A., Beres, M., Lanz, E., Bueker, F., Huggenberger, P., Horstmeyer, H., Grasmueck, M., De Iaco, R., Holliger, K., e Maurer, H.R. 1995. 3D High-Resolution Seismic and Geo-Radar Reflection Mapping of Glacial, Glaciolacustrine and Glaciofluvial Sediments in Switzerland. Sageep, pp.419

MIX
Papier aus verantwortungsvollen Quellen
Paper from responsible sources
FSC® C105338

Printed by Books on Demand GmbH, Norderstedt / Germany